湾区有段古系列丛书

李沛聪 主编

湾区吃啲乜

SPM
南方传媒
广东人民出版社
·广州·

图书在版编目（CIP）数据

湾区吃啲乜 / 李沛聪主编. —广州：广东人民出版社，
2021.11（2022.4重印）
（湾区有段古系列丛书）
ISBN 978-7-218-15175-5

Ⅰ.①湾…　Ⅱ.①李…　Ⅲ.①饮食—文化—广东
Ⅳ.①TS971.202.65

中国版本图书馆CIP数据核字(2021)第153831号

WANQU CHIDIMIE
湾区吃啲乜

李沛聪　主编

出 版 人：肖风华

项目统筹：黄洁华
策划编辑：黄洁华
责任编辑：李丽珊　廖智聪
责任技编：吴彦斌　周星奎

出版发行：广东人民出版社
地　　址：广州市越秀区大沙头四马路10号（邮政编码：510102）
电　　话：（020）85716809（总编室）
传　　真：（020）85716872
网　　址：http://www.gdpph.com
印　　刷：广州市豪威彩色印务有限公司
开　　本：889毫米×1194毫米　1/32
印　　张：6.625　　字　数：80千　　插　页：1
版　　次：2021年11月第1版
印　　次：2022年4月第2次印刷
定　　价：39.80元

如发现印装质量问题，影响阅读，请与出版社（020-85716849）联系调换。
售书热线：（020）85716826

编委会

前　言　Preface

　　粤港澳大湾区，是一个经济概念。在2019年，国务院发布《粤港澳大湾区发展规划纲要》，为把粤港澳大湾区打造成世界级城市群、国际科技创新中心指明了方向。

　　但在"粤港澳大湾区"这个经济概念正式提出之前，"省港澳"，其实早已作为一个文化概念，存在了很长时间。

　　所谓"省港澳"，指的当然是广东省、香港地区和澳门地区。自从明朝葡萄牙人聚居澳门、清朝英国殖民香港以来，广东、香港、澳门就一直作为中国南部对外交流的窗口而存在。

　　其间，虽然各地的经济文化发展情况各有不同，但其交流之密切，互相影响之深远，让省港澳地区越来越成为一个独特的整体。

虽然省港澳三地有许多不同的特点，在不同的历史时期也有着不同的管治方式，但三地也有着更多的共通之处，尤其在文化上，同处中国岭南之地，同处沿海地区，文化上自然有着许多共同点。

例如，广东大部分地区与香港、澳门一样，日常都以粤语（广府话、白话、广东话）作为交流的语言；以广州、佛山为代表的广式饮食文化，与香港、澳门的饮食文化，更是同源同宗，有着许多共同的美食；粤剧、南狮、龙船等，都是三地共同的非物质文化遗产；省港澳三地从生活习惯到文化观念，都有着沿海地区务实、包容、开放、奋进的特点……

从清朝开始，省港澳地区就成为了推动中国发展的前沿阵地，从洪秀全到孙中山，从全国唯一的通商口岸到改革开放的试点，从小渔村到世界瞩目的东方之珠，这个地区一直为中国发展注入新的活力。到了现在，在"粤港澳大湾区"的概念之下，这个地区将会焕发出更新更强大的动力，继续为中国的发展贡献自己的力量。

这个满载着历史又充满了希望的大湾区，值得让更多人对它有更多的了解和认识。正是出于这样的想法，在多个团队的共同努力下，我们出版了这一套《湾区有段古》系列丛书，从衣食住行的方方面面，为大家讲述粤港澳大湾区，或者说"省港澳"的故事，希望让每一位读者对大湾区有更进一步的了解认识。

为了不让大家觉得沉闷，我们搜集了许许多多历史上的、传说中的、现实里的故事，希望大家通过这些有趣的故事，来了解大湾区。这些故事有不少都来自于民间的口口相传，不一定有标准的版本，但无论哪一个版本，寄托的都是湾区人民对美好生活的向往和善良、包容、奋进的价值观。

希望每一位读者都可以通过这些故事，加深对粤港澳大湾区的了解，同时感受它更多的魅力吧！

最后，要感谢每一位参与本书编撰、绘画的小伙伴，是你们的努力付出，让这套丛书的出版成为可能。

李沛聪

2021年夏

目 录
Contents

002　避风塘炒蟹

004　葡挞

006　猪扒包

008　澳门鲜蚝

010　增城挂绿

012　九江煎堆

014　深井烧鹅

016　马蹄糕

018　竹升面

020　云吞面

022　顺德鱼生

024　双皮奶

026　糯米鸡

028　龙船饭

030　均安蒸猪

032　菠萝油

034　广式蛋挞

036　蛋散

038　鱼蛋粉

040　八宝冬瓜盅

042　发菜蚝豉

044　盲公饼

046　咸煎饼

048　普宁豆干

050　春饼

052　啫啫煲

054　龟苓膏

056　糖不甩

058　姜醋

060　疍家糕

062　鸡公榄与飞机榄

064　及第粥

066　凤爪

068　三及第汤

070　大良崩砂

072　大良炒牛奶

074　恩平簕菜

076　鸡仔饼

078　金榜牛乳

080　虾饺

082　英德红茶

084　石岐乳鸽

086　烧卖

088　伦教糕

090　鸡蛋仔

092　葡国鸡

094　钵仔糕

096　黄鳝饭

098　信宜叫化鸡

100　港式车仔面

102　干炒牛河

104　西樵大饼

106　猪肠粉

108　白云猪手

110　"皇上皇"腊肠

112　鼎湖上素

114　东江盐焗鸡

116　太爷鸡

118　清远鸡

120　清平鸡

122　广式月饼

124　梅菜扣肉

126　豆腐花

128　宰相粉

130　横山鸭扎包

132　佛山扎蹄

134　新兴话梅

136　市师鸡

138　马拉糕

140　潮汕粿仔脯

142　禾虫蒸蛋

144　叉烧酥

146　老婆饼

148　咸水角

150　蜜汁叉烧

152　水菱角

154　炒米饼

156　广式牛杂

158　竹篙粉

160　柱候鸡

162　煲仔饭

184　黄金酥丸

186　老火靓汤

188　艇仔粥

190　碗仔翅

192　大良野鸡卷

194　广东清补凉

196　炸两

198　马介休

200　罗汉斋

164　沙溪扣肉

166　广式粉果

168　猪肚包鸡

170　恩平烧饼

172　古井烧鹅

174　杨枝甘露

176　客家咸茶

178　肇庆切粉

180　糯米糍

182　广式文昌鸡

避风塘炒蟹

中国有句老话叫作"靠山吃山，靠海吃海"，香港作为一个沿海城市盛产海鲜，长时间下来也就出现了许多海鲜菜肴，作为香港十大经典菜肴的避风塘炒蟹就是其中一道。

避风塘炒蟹是用沾上淀粉的螃蟹简单油炸后，和葱、姜、蒜蓉一起大火炒制，出锅不等放凉便可带壳食用，入口脆而不糊，滋味和谐，鲜香鲜辣让人欲罢不能。至于"避风塘"究竟出自何处，则有许多不同说法，因为香港是个天然良港，所以不少地方自称"避风塘"。但一般认为，避风塘炒蟹中"避风塘"，指的是铜锣湾避风塘。

曾经的铜锣湾避风塘面积极大，作为船只避风停靠的场所曾经极度辉煌，每当大风来

普通话音频

粤语音频

临，渔户的船只就会进港避风，其间大家开灶做饭，湾内就会呈现出别样的烟火气息。避风塘炒蟹的做法，相信也是从当时流传下来。

后来随着海洋污染和填海造陆，铜锣湾不再作为避风港而存在，但避风塘炒蟹却作为铜锣湾曾经的辉煌象征保存下来，加上一代又一代香港人的改良，成为最著名的中国菜式之一。

葡挞

提及澳门最著名的甜品小吃，那么葡挞应该毫无悬念拔得头筹。作为中外美食的"混血儿"，葡挞虽然是英国人创造的，但是原型却是葡萄牙的传统糕点，所以被叫作"葡挞"。

相传当年英国人安德鲁在葡萄牙里斯本经商的时候，根据一道当地传统甜品，用猪油、面粉、鸡蛋这些简单的食材结合英国甜品的做法，创新出备受欢迎的葡挞。因为葡挞酥皮金黄鲜亮、内芯淡奶香气浓郁逼人、焦糖脆皮可口，让人欲罢不能，大受食客欢迎。不久之后，安德鲁来到澳门，开设了自己的"安德鲁饼店"。

一开始，饼店是由安德鲁先生和妻子玛嘉烈女士一起经营的。然而，后来二人离婚，玛嘉烈女士在澳门开起了另一家以自己名字命名的"玛

普通话音频

粤语音频

嘉烈饼屋"，出售改良后的葡挞。两家饼店的竞争，令当地顾客一时间掀起了一阵"葡挞热"。后来玛嘉烈把葡挞的配方出售给了肯德基公司，使得独具魅力的葡挞被传递到了世界的各个角落，受到越来越多人的喜欢。

猪扒包

猪扒包是澳门的著名小吃，经过长期的发展，凭借着美味和颜值，受到都市年轻人的喜爱。然而，喜爱这款美食的朋友可能不知道，最早的猪扒包其实是无奈之下产生的食物。

相传当年葡萄牙占领澳门后，征集了许多华工去旧金山帮助开采金矿。由于当时的中国国力较为衰弱，很多西方人看不起华人，所以给这些华人苦力起了一个侮辱性的名字叫作"猪仔"。尽管华工们干的是最苦最累的活，但吃饭的时候却经常只能领取到不符合华人口味的白面包。

当时的华人为了改善伙食，每次领到少量猪肉的时候就会悄悄保存起来，每次吃饭就切

普通话音频

粤语音频

下一块煎熟后夹在白面包里面吃。当时的西方人就将这种夹着猪肉的面包叫作"猪仔包"，后来才慢慢改称为"猪扒包"。

　　如今，猪扒包的制作比起当年要更加复杂一些，但道理还是一样：从中间剖开面包，涂上牛油后夹上一块油炸的猪扒。微焦的面包配上炸得松软爽脆的猪扒，热乎乎地一口咬下去，不腥膻的猪肉回甘和面包配合着，总能勾起澳门人独特的回忆。

澳门鲜蚝

澳门地处中国南部的珠江三角洲，濒临大海，自然盛产海鲜，生蚝就是其中之一。因为盛产生蚝，澳门在古时候还被称为"蚝镜"，而澳门的内海河道就被叫作"蚝江"，后来文人墨客认为蚝为食物，被用作地名太过俗气，所以将"蚝镜"、"蚝江"改为"濠镜"、"濠江"。后来很多文艺作品都会用到"濠江风云"的说法，说的就是澳门地区的故事。

作为澳门特产的生蚝，又被称为"牡蛎"，是一种营养非常丰富的海产品。除了用来生吃之外，还可以做成各式各样的菜肴，与澳门相近的广州一般会选用澳门鲜蚝带壳炭烤，佐以各式调味料食用，生蚝的厚

普通话音频

粤语音频

壳作为天然的"厨具"加热后可以使蚝肉保持鲜嫩爽滑的口感，不会使蚝肉过干，但又能吸收各式调味料的滋味，独具风味。又或者，也可以用烧热的砂锅爆香姜蒜炒制生蚝，最后盖上锅盖并在锅盖上浇上白酒，等待汁水蒸发后，混合酒香和蚝香的砂锅生蚝就可上桌享用了。

　　除此之外，作为鲜味的代表，澳门鲜蚝还可以被制作成蚝油，作为调味品用于菜中。

增城挂绿

众所周知，荔枝是广东特产，而在广东各地出产的荔枝之中，增城挂绿是其中极为珍贵的品种。因为这种荔枝成熟之后红紫色的外壳上会有一道不同寻常的绿痕，又因出产自广州增城，所以被叫作增城挂绿。增城挂绿晶莹剔透、甘甜脆爽，自开始栽培以来就常作为广东地区的贡品被进献到皇宫。

而关于挂绿荔枝，民间还有一个有趣的传说。相传八仙里面的何仙姑是广州增城人，她十六岁的时候，父母想将她许配给别人，但何仙姑不愿意，于是在婚礼前飞升成仙，离家而去。

但在成仙之后，何仙姑依然常常想念家乡鲜甜的荔枝，于是时常回乡到荔枝园里散步。有一

普通话音频

粤语音频

天，何仙姑回到增城西园，一时困乏，就在一棵荔枝树上小憩了一会儿，离开时衣服上一条绿色的丝线被挂在了荔枝树上。

　　这棵荔枝树因为沾染了仙气，自此之后结出的果子也就带上了一条绿痕，而且还分外鲜甜。于是后来人们就把这种荔枝树称为"挂绿"。

九江煎堆

　　九江煎堆是佛山南海九江镇的一种著名风味小吃，主要原材料是糯米粉、白糖、花生和芝麻。九江煎堆虽然有着煎堆的名字，但它在外形上较其他地方的煎堆更扁，很好辨别。在古代煎堆也被叫作"碌堆"，为的是团圆吉祥的彩头，也寓意着来年一整年都会有金银和好运，所以经常被作为送礼和祭祀的糕点。

　　煎堆的历史悠久，早在唐朝，圆形的煎堆就已经成为宫廷里面的一种皇家食品，平民百姓家逢年过节也少不了它。

　　到了清朝光绪年间，九江人邹南觉得圆形的煎堆过硬过圆，虽然外形好看，但入口十分不方便，于是他尝试改良，把煎堆做成饼一样的扁形，又在里面加上玉

普通话音频

粤语音频

米、花生，制作成的馅料口感丰富，就这样改良后的九江煎堆受到乡亲们的喜爱，大家纷纷学习邹南制作煎堆的方法，自此形成了九江地区特有的煎堆做法，而九江煎堆这种美食也就这样流传到了今天。

深井烧鹅

　　深井烧鹅是一道传统的粤菜，因色泽金红、皮香肉嫩深受广东人民喜爱。深井烧鹅是把用柱侯酱、沙姜粉、麦芽糖等具有广式风味调料腌制过的肥鹅经过烫皮、冷却、挂糖、晾干、烤制等一系列工艺最终制作而成的，可以说十分复杂。而深井烧鹅闻名的背后还有一个暖心的传说。

　　广东自古以来就有许多地方养鹅，深井地区也不例外。不过这里原本养殖的鹅与其他地方并无不同，没有什么特别之处。相传有一天，村里来了一位衣衫褴褛的老乞丐，这位老乞丐看起来十分落魄，身后还跟着一只脏兮兮的母鹅。善良的村民们没有嫌弃老乞丐，反而赶紧帮老人准

普通话音频

粤语音频

　　备了食物，找了个地方安置他住下，自此之后，老人就带着自己的鹅在村里住了三年。

　　三年后老人突然离去，只给村民留下了自己的鹅，奇怪的是这只三年没下过蛋的母鹅从这时开始下蛋，孵出来的小鹅长大后格外肥硕，肉质也更加鲜美，做出来的烧鹅更是美味无比，深受周边村民的喜欢。

　　就这样，深井村的烧鹅越来越出名，村民们的生活也因此改善了不少。深井烧鹅流传至今，成为了广式烧鹅中的佼佼者。

湾区有段古：湾区吃啲乜

马蹄糕

马蹄糕是广东地区的一种传统糕点，在马蹄粉或者地瓜粉中加糖水搅拌均匀蒸制而成，一般呈茶黄色的半透明状。马蹄糕，爽滑软韧、清甜不腻、老少咸宜，深受广东人民的喜爱。关于马蹄糕，民间还有一个十分有趣的传说。

相传在清朝，有一年岭南地区遭遇了十分严重的天灾，暴雨连绵，庄稼全部涝死，只有喜水的马蹄幸免于难。眼见粮食失收，百姓生计成问题，当地一位秀才想了个办法，他将这些没有受天灾影响的马蹄捣碎之后烘焙成粉，分给乡亲们食用，乡亲们吃了之后觉得十分耐饿又不失马蹄本身的清甜，

普通话音频

粤语音频

于是纷纷效仿，用这种方法撑过了灾年。后来又有人把这样的马蹄粉加适量水，蒸制而成了最早的马蹄糕。

到了今天，广东人已经不再需要用马蹄糕充饥，但因为它独特的口感和丰富的营养价值，马蹄糕的故事和制作方法一直被传承到了现在。现在广东人去喝早茶，往往少不了点一份马蹄糕呢。

竹升面

　　竹升面是广东的特色小吃，爽滑弹牙，韧性十足。早在民国时期，竹升面就在广东一带流行，到了五六十年代，吃一碗竹升面是当地人非常享受的事情。而要做出地道的竹升面，关键是要用传统的方法搓面、和面，再用竹升压打，因为压面的力度非常重要，为了控制力度，师傅往往用一条大竹竿，坐在一边用体重助力，竹升面这个名字正是由此而来。

　　关于竹升面还有这样一个故事。相传在清朝末年，民不聊生，慈禧太后却仍非常奢侈，一餐要摆满108个菜。有一天宫女们帮慈禧用膳的时候，其中一个叫秋蕊的宫女因疏忽少挑了一根刺，导致慈禧太后被呛而大发

普通话音频

粤语音频

雷霆，扬言要乱棍打死秋蕊，在御膳房的秋蕊的哥哥李仁昌赶紧求情，他对太后说："本来我就打算今天晚上为您奉上一碗竹升面的，这是广东第一面，是用碗口粗的竹子把面团滚压两个时辰，打成布一样薄，再抖成银丝下锅，用熬了三个时辰的高汤淋制再吃，爽滑无比，弹性绝佳，和面全程可以不用一滴水。"

慈禧太后听了之后，怒气消了不少，于是李仁昌连夜做出特有的竹升面，给慈禧太后享用，慈禧太后非常喜欢，秋蕊也逃过一劫。后来，李仁昌回到了广东，开了一家竹升面店，每天用几根粗竹子在店门口压面团，面美价廉，吸引很多行人，生意很快红火起来。

做竹升面的传统压面方式，代代相传沿用至今。竹升面也成为了广州具有代表性的美食之一。

湾区有段古：湾区吃啲乜

019

云吞面

　　云吞面是广东的特色小吃，又称为"细蓉"，是用煮熟的云吞和蛋面，加入热汤而成。云吞的做法很讲究，最早以全猪肉制，称为"净肉云吞"，口感润滑，面有弹性有嚼劲，并且富含蛋白质，营养丰富。

　　不过广东人至爱的云吞面，据说并非创自本地。相传在清朝同治年间，一位湖南人在双门底开设了一间三楚面馆，专门卖面食。刚刚开始的时候，云吞做得比较粗糙，基本上只有面皮、大肉馅和白水汤，但经济实惠，人们都很喜欢，生意也越来越好。

　　后来，三楚面馆不断改良自己的云吞面，用鸡蛋液和面擀成薄皮，再包上肉末、虾仁和韭黄制成的馅料，口感更加独一无二，深受顾客的喜爱。

 普通话音频

 粤语音频

　　后来人们争相效仿，到20世纪40年代，广州固定的云吞面馆就有100多户。而后来港澳地区也有开设越来越多的云吞面馆，做法更趋精致讲究。

　　一碗好的云吞面，有所谓"三讲"，也就是三样东西要讲究，一是面，二是云吞，三是汤。加鸭蛋的面粉、新鲜的虾球和瘦猪肉、地地道道熬出来的汤汁，三样缺一不可。在这样的搭配下，才能做出一碗完美的云吞面。

　　如今，我们几乎在全国各地都能吃上云吞面，云吞面也已成为家喻户晓的美食之一，但最正宗的云吞面，还是要在粤港澳大湾区才能吃得到。

顺德鱼生

现在很多人一提起吃鱼生，往往马上想起日本鱼生，但其实我国自古就有"鱼脍"这一菜肴，而顺德地区更自古就有吃鱼生的习俗，菊花鱼生便是顺德的一道传统名菜。

正所谓"食在广州，厨出凤城"，作为繁荣富庶之地的顺德，对于做鱼生是大有讲究。顺德鱼生被视为正宗的中国鱼生，食材多为淡水鱼，配料和酱料几乎不下20种，吃起来辛辣直冲鼻翼，鲜味盘旋舌尖。

据说在清末年间，顺德大良有一名厨师叫王仙，人们给他取绰号为"野仙"。他是康乾名厨王小余的后人。王仙有一项绝技，称作"切脍如飞"。就是在一盏茶的时间内，可以快速地切出薄如蝉翼、晶莹剔透

普通话音频

粤语音频

的生鱼片，并且味道鲜美无比。王仙凭借这样的技艺，在广东一带都非常的有名。当时全国少有的对外开放的广州十三行，也被这样的美味所吸引，王仙制作的鱼生风靡广州十三行，更被推荐上京为李中堂大人制作佳肴。

　　入京之后，王仙不负众望，以蒙眼切鱼片的高超技艺惊艳四座，而做出来的顺德鱼生美味鲜嫩，也得到了中堂大人的嘉奖。

　　如今，顺德鱼生作为当地著名的美食，每年都吸引了无数人前往品尝。

双皮奶

双皮奶是著名的粤式甜品，起源于佛山市顺德区。它用水牛奶做原料，上层奶皮甘香，下层香滑，吃起来香气浓郁，让人唇齿留香。双皮奶含有丰富的蛋白质和人体生长所需的氨基酸，是美味又健康的民间小吃。

关于双皮奶的诞生，有两个不同的说法。有种说法指早年有奶农将前一天卖剩的奶放在一边，第二天发现冷却的奶上结了一层奶皮。他好奇地又在上面倒了一层奶，结果冷却后又结出一层奶皮，于是"双皮奶"就此诞生了。

除此之外，还有一种说法，说的是仁信双皮奶的创始人董洁文，从小与父亲董孝华在顺德大良白石村以养牛为生，并和父亲一起做牛乳。大良附近多山丘，水草茂盛，

普通话音频

粤语音频

很适宜养牛，所养的本地水牛虽然奶水不多，但是水分少，油脂大，特别香浓，因此大良水牛奶十分受欢迎，当地的水牛养殖业也一直很繁荣。

但是对于当时技术缺乏的董洁文和父亲来说，如何储存牛奶是一件非常苦恼的事情。当时没有电冰箱，牛奶容易变质，他们常为保存牛奶绞尽脑汁。有一次，董父试着将牛奶煮沸后保存，却意外地发现牛奶冷却后表面会结成一层薄皮，尝上一口，味道是无比的软滑甘香，非常好吃。他们父子二人不断尝试，最终创制出最早的双皮奶。

如今，双皮奶遍布广东、澳门、香港等地，也传播到了全国各地，是人们非常喜爱的甜品之一。

湾区有段古：湾区吃啲乜

糯米鸡

　　糯米鸡，是广式早茶必点的菜式之一，传统的做法是在糯米里放入鸡肉等馅料，再用荷叶包实蒸煮。入口时带着荷叶的清香与鸡肉的肉香，润滑可口、回味悠长，还有温暖脾胃、补中益气的功效。

　　相传在很久以前，泮塘一带有一个鸡贩，他每天都在街巷里吆喝卖鸡。这天，他在菜场门口已经待到了傍晚，客流越来越少，却还剩下一只鸡没有卖出去。他左思右想，决定把卖剩下的这只鸡拿回家蒸给家人吃。

　　一家人知道有鸡吃都非常高兴，谁知鸡贩兴奋过头，乐极生悲，正想把准备好的鸡放到碟子里时，却一不小心把碟子打碎了。当时的百姓生活拮据，一家人可能只有一个碟子，这可怎么办？

　　鸡贩灵机一动，他把切好的鸡块放到饭锅

普通话音频

粤语音频

里，和饭一起蒸熟，再和饭一起分给家人吃，这样就不需要盛菜的碟子了。

出乎意料，他发现煮出来的饭非常可口，一家人赞不绝口，更鼓励他把这个新发明的菜肴拿到夜市上去卖。于是每天晚上，鸡贩就将做好的滑鸡蒸饭，当作夜宵售卖，结果大受欢迎，继而又有食客向他提议，把做饭的粘米改成糯米，会更加美味。于是糯米鸡就这样诞生了。

后来，泮塘附近的酒家也纷纷模仿，由于这里盛产荷叶，于是厨师们发明了用荷叶包裹饭团的新吃法，再在里面加上冬菇、虾米等配料，逐渐演变为了今天广州的美食——糯米鸡。

龙船饭

　　每年端午，各地都会举行龙舟比赛。而在广东，"扒"龙船之后，总会有一顿美味盛宴等着大家，那就是有名的"龙船饭"。龙船饭是广东地区的传统民俗，人们认为吃过龙船饭，一年都会风调雨顺、五谷丰登。

　　说起龙船饭的起源，当然与赛龙舟有着密切的联系。一直以来，人们都会在端午节期间进行赛龙舟比赛，比赛一轮接着一轮，时间往往很紧凑。正值饭点，参赛的小伙子们也只能在船上吃饭来补充体力。在船上吃饭船会晃动，因此夹菜十分不便，所以大家想了个办法，就是把菜和饭混装在一起，久而久之，也就成了现在的"龙船饭"。

　　龙船饭还沿袭了已有500多年历史的"龙船探亲"习俗。以往，广州的"兄弟村"会

普通话音频

粤语音频

　　"扒"（划）龙舟来互相探亲，然后在祠堂内架起大锅饭招待
船手们。这时，村里的老人小孩也会前去领一份龙船饭，讨个
吉利沾沾喜气。

　　吃龙船饭，先是求饱，再是求好，质朴、原味是它一贯的特
色。传统的菜有红皮烧猪肉和"够味"的烧酒，还有后来加入的
烧鸡、鱼虾等。随着生活水平的提高，龙船饭也发展成为一种宴
席——龙舟宴，并演变出不同的菜式。

　　龙船饭，可以说是水乡龙船文化的一部分，既是美食，也是
岭南文化的一大特色。

「人人有份」

均安蒸猪是广东地区传统的地方名菜，最早期、最传统的均安蒸猪，与古老的祠堂文化一脉相承。古时候，每年的清明和重阳节都要在祠堂举行祭祖仪式，仪式结束后村内德高望重的人会将猪肉分给大家吃，这就是"太公分猪肉"。后来此举有歇后语记录下来，即"太公分猪肉，人人有份"，意为"平均分配"。

均安蒸猪，选用50多公斤重的猪，经宰洗、去骨、腌制和蒸煮，再加以芝麻炒，添香赋味，十分美味。关于均安蒸猪的由来，还有这样一个有趣的故事。

相传，清朝咸丰年间的探花李文田是均安上村人，曾入仕任翰林学士、内阁学士等职位，熟悉清宫各种

普通话音频

粤语音频

典章礼制。后来，他因需要照顾母亲而回到均安，直到他母亲去世，李文田才继续出任官职。

他在京城任职多年，熟悉满族的各种习俗。满族人本来就有杀猪从葬的习俗，也就是在丧葬仪式上，用上好无缺的肥猪做祭祀，这种猪肉被称为"福肉"。而"福肉"的做法就是用清水蒸煮，不加任何的调料。

李文田告老返乡后，把满族人用猪肉祭祀的做法带回家乡，村民之间慢慢地都开始尝试把整只猪用来蒸制，这便是最早的均安蒸猪的做法。

经过一代又一代人的传承，如今均安蒸猪也有了很大的改进，流传至今。它体现了乡间朴实粗犷的民风，也表达了人们用以祭祀崇尚祖先的观念。均安蒸猪作为独特的美食，也成为了地方独特的标志。

菠萝油

　　菠萝油是由香港特色食品菠萝包发展而来的食品，是将菠萝包横向切开夹着一块厚切的牛油所制成。据说，十个香港人，起码有一半喜欢吃菠萝油。他们对菠萝油，有一种"草根式"的亲切和好感。港剧里的主角们落难贫穷的时候，都会用菠萝油和矿泉水来填饱肚子。

　　传说菠萝油是某个茶餐厅的厨师无意中发明的。话说有一天，这位厨师在厨房工作时感觉非常饿，于是就偷偷顺走了一个刚出炉的菠萝包，而正好手边有盒冰牛油，他便顺便切下一片匆忙塞进菠萝包里。结果发现冰凉的牛油遇到温热的菠萝包，冰火两重天的口感令他大为惊艳，就此创制出这个"菠萝油"的做法。

普通话音频

粤语音频

新鲜出炉的菠萝包夹上冰冷的牛油，菠萝包的热力将牛油熔化在包身，可以吃出浓厚的牛油香味，冰火两重天，这便是与单吃菠萝包最大的不同。

　　如今，菠萝油的传播已经更加广泛，不少食客也喜欢上这独特的港式老味道，再搭上一杯丝袜奶茶或者咖啡，瞬间就能感受到港式下午茶的独特风味，在匆忙间享受味蕾的满足感。

广式蛋挞

　　广式蛋挞是一道大湾区人民喜闻乐见、历史悠久的经典点心，在广州的各个茶楼都随处可见。新鲜出炉的蛋挞散发出诱人的奶香味，金黄的表皮酥酥脆脆，金黄的蛋液软软嫩嫩，仿佛充满着生命力。咬一口，滑嫩的蛋液稍还烫口，但丝毫缓解不了要继续把整个吃下去的那份着急，咸香的酥皮与蛋浆的甜味相得益彰，一个足以让人上瘾！

　　在从前，挞和派都是西式点心，两者的区别在于一个全包，一个馅料外露。英国人早在中世纪时期就发明出用牛奶、鸡蛋和糖做成点心，后来在20世纪中英文化交流最盛的时代，英国人把这种用果酱、牛奶、蛋浆做成的挞带到了广州。

　　后来到1920年间，广州的各大百货公

普通话音频

粤语音频

司为了吸引顾客，每周都会要求百货公司的厨师设计一款"星期美点"来招徕顾客，广式蛋挞正是在这段时期出现的，并逐渐成为广州茶点的一部分。再后来流传到香港，在香港发扬光大。那时"一件蛋挞加一杯奶茶"成为了香港的下午茶名片。

经典粤语歌曲《牛油蛋挞》里面的歌词，就形容柔情万种的女子脸蛋比牛油蛋挞还要滑，亲一口就好像吃了新鲜蛋挞那样令人沉醉……

的确，每每经过面包铺，或者在茶餐厅，只要见到那一盆新鲜出炉的蛋挞，就想都不想马上买上几个。蛋挞在粤式茶点中占有很重要的位置，因此要想吃到国内最好的蛋挞，必须要来大湾区才行！

蛋散

　　蛋散是广东地区的一种贺年传统小吃，以香脆著称，通常用面粉、筋粉、鸡蛋和猪油搓成后下锅油炸，炸到浅黄色时便可以捞起食用。

　　蛋散是蛋馓的俗称，有时还被称为"翻角"，因其配料里有鸡蛋，再加上其入口即化的特点，就像散了架似的，故被称作"蛋散"。时至今日，在粤语里，取其"不够刚硬"之特征，也被引申为指代胆小怕事或不成气候、没出息的小人物。

　　而关于蛋散的由来有一个有趣的故事。传说在古时候，当每家人都准备好花生、芝麻、糖等馅料包"油角"下锅时，有一家穷人却穷得没有钱买馅料，男主人望着一堆已经发酵好的面团发呆，苦苦思

普通话音频

粤语音频

考之后灵机一动："你有张良计，我有过墙梯，炸油角无非是为来年讨个好兆头，既然没馅料，我把面团压扁做成小块下油锅，也是个好意头。"

等到新年，其他人来他家拜年时，他便拿出那些没有馅料的小长方块来招呼朋友们，大家都感觉很新奇，品尝之后纷纷称赞酥脆可口，表示来年要学着做，又问这小方块叫什么名字？

穷人想了一下，说道："因为配料有鸡蛋，并且其有入口即化的特点，就像散了架似的，就叫蛋散吧。"

后来人们把小方块改良，加入芝麻、南乳等其他配料，在小方块中间下一刀，卷起做成麻花模样，更加好看。到现在，蛋散已成为不少广州人年廿九"开油锅"的首选。

鱼蛋粉

鱼蛋粉是以爽滑幼细的桂林米粉或河粉，大地鱼、猪骨熬汤作为汤底，再加上鱼蛋、牛丸、炸肉卷、鱼块、薄脆、云吞、炸鱼皮、鲜葱等为配料做成的，米粉入口香软顺滑，配料各有其风味，若再佐以地道的辣椒油就更加醒辣开胃。

鱼蛋是鱼蛋粉里的点睛之笔，有了好的鱼蛋，鱼蛋粉才有灵魂，否则粉再好也没用。关于鱼蛋的由来，有个颇为有趣的故事。

传说当年秦始皇云游四方，来到南方的时候十分喜爱鱼米之乡的鲜鱼，但鱼肉刺多，吃起来很不方便，便下了一道谕旨，要求随行厨子送上来的鱼必须将鱼刺剔净，否则斩首。

厨子前思后想不得要领，气急之下，

普通话音频

粤语音频

抡起刀背猛砸砧板上的鲜鱼，没想到歪打正着，鱼肉与鱼骨竟截然离析，真是得来全不费工夫。这种剔骨法让厨子惊喜不已。他灵机一动，索性将鱼肉剁成稀泥，然后包上鲜猪肉馅，团成一粒粒丸子，煮汤送上。这种吃法，深得秦始皇欢心，从此鱼丸便在南方流传开来。

时至今日，经营鱼蛋粉的小食店已经遍地开花，鱼蛋粉也成为了大家最喜爱的美食之一。

八宝冬瓜盅

　　广东地区天气炎热，说起广东人的消暑神器，其中之一必不可少的就是八宝冬瓜盅了。

　　八宝冬瓜盅是一道色香味俱全的特色名菜，此菜气清色白，冬瓜肉鲜嫩柔软，味道清香，是夏季时令汤菜。将整个冬瓜洗净，沥干水分，随后切取一端，呈茶盅状，挖去瓤子，蒂部削平，口部周围切锯齿纹，然后口朝上摆放在碗中。碗里可以放鸡肉、蟹肉、鲍鱼、莲子、香菇、干贝、火腿、冬笋、夜香花、猪排骨等等。八宝冬瓜盅四季皆宜，可补虚养身，调理营养不良。

　　由于八宝冬瓜盅里含有丰富的食材，因此也被很多人当作简单版的佛跳墙。

普通话音频

粤语音频

清朝朱彝尊的《食宪鸿秘》中记述的一道"煨冬瓜"，据说就是后世"冬瓜盅"的起源：老冬瓜，切下顶盖半尺许，去瓤，治净。好猪肉，或鸡、鸭，或羊肉，用好酒、酱油、香料、美味调和，贮满瓜腹。竹签三四根，仍将瓜盖签好。竖放灰堆内，用砻糠铺，应及四围，窝到瓜腰以上。取灶内灰火，周围焙筑，埋及瓜顶以上，煨一周时，闻香取出。切去瓜皮，层层切下供食。内馔外瓜，皆美味也。

　　"冬瓜盅"后来成了清朝宫廷名菜，直到现在依然是广东地区的一道名菜。

发菜蚝豉

　　发菜蚝豉是以干蚝、发菜、猪肉、香菇为主料，蚝油、酱油、味精等酱料为辅制作的菜肴，色香味俱全。因为在粤语里"发菜"、"蚝豉"与"发财"、"好事"发音相近，所以发菜蚝豉成为了逢年过节、喜庆宴请上一道必备的菜式。

　　关于发菜蚝豉的主要原材料之一——生蚝，有一个有趣的故事。

　　相传在西汉年间，南越地区发生叛乱，汉武帝派伏波将军路博德率兵前去讨伐。汉军一路连战连捷，打得叛军节节败退，一路退到雷州半岛一带。谁知汉军的士兵来到此地之后，却发现因为水土不服，一个个头晕呕吐，毫无作战之力。

普通话音频

粤语音频

路博德正苦无对策，却听说有士兵饥渴难耐之下，用刀剑撬开海边礁石上的野生蚝，试着当作肉来煮着吃。谁知吃下之后，头也不晕了，也不吐了，似乎马上就适应南方的环境了。

　　为什么生蚝会有如此奇效？可能是因为如药书所讲，蚝有排毒解毒的作用吧。路博德听说此事之后，下令士兵大规模采吃生蚝，果然治好了水土不服之症。因为生蚝发挥了重要作用，后来路博德率领汉军所向披靡，一举平定了南越叛乱。

湾区有段古：湾区吃啲乜

盲公饼

　　盲公饼是广东省佛山市的一种特色传统名点，由于它是由一位盲人创制于清朝嘉庆年间的，因而得名"盲公饼"，距今已有160多年历史。

　　相传，这位盲人名叫何声朝，在他八岁的时候由于家里贫穷，患病之后却无钱医治，导致双目失明。但是，他十岁就开始学习占卜，学成后就在本地的教善坊口开设了一个叫"乾乾堂"的卦命馆，生意不错，后来，他的儿子从小就跟着他在馆里工作。

　　由于前来问卜的人很多都带着小孩，喧闹啼哭，影响他的工作。于是他的儿子就想出了一个办法：用饭焦干磨成米粉，加上芝麻、花生，用生油和匀，制成米饼，称为"肉饼"。这样既可卖给前来占卜的人用来

普通话音频

粤语音频

喂小孩，又可以多赚一些钱来补贴家用。由于制作别出心裁，味道甘香美味，价钱便宜，购买的人越来越多。当时有些邻居为了获利，也仿制他们的肉饼，但质量不及"正货"，人们都去何声朝那里买，所以大家就把在"盲公"那儿买的肉饼叫"盲公饼"，辗转相传，盲公饼遂由此而得名。

盲人往往忌讳别人叫盲公，因此百多年来，市场上盲公饼虽已名闻遐迩，但他的子孙后代，也不拿"盲公饼"作招牌，而以"合记肉心饼"为名。直到1952年，佛山市参加华南物资交流大会，为了推销佛山土特产，才正式定商标为"盲公饼"。

湾区有段古：湾区吃啲乜

咸煎饼

　　咸煎饼是广东地区知名的小食，口味非常独特，松软不粘口，保质期长，便于携带。提到咸煎饼，许多老广州都会联想到德昌咸煎饼。

　　德昌咸煎饼的创制人谭藻师傅，是20世纪30年代广州市龙津路德昌茶楼的点心师傅。他一直很想创造出一款独具特色、令人尝后难忘的点心，可是几经尝试，依然苦无良策。后来在和朋友喝茶的时候，碰到了卖南乳肉的盲公德，谈及用南乳炒花生之事，使谭藻大受启发，创制出独特风味的咸煎饼。

　　德昌咸煎饼的制作之所以与众不同，首先是因为原料中加入了南乳，以增加香味。而使用的南乳，要较为陈旧而又够香

普通话音频

粤语音频

味的。谭师傅将买回来的南乳放在天台半阴半晒的地方，有太阳时，南乳受热，没太阳时，热能就会渐渐散去，经过热冷过程的处理，南乳的香味会更好。

其二是因为用糖的配方不同。咸煎饼一般以面粉搭配白糖，而谭师傅则使用白糖、红糖各半，份量又比一般的增大一倍。这样的好处在于：白糖使其脆皮，红糖使其心软，再加上用中火油炸，糖量多，油量大，所以成品皮脆心软，特别松香。

德昌茶楼的咸煎饼经过谭师傅的改良，自此深受欢迎，远近驰名。

普宁豆干

　　普宁豆干，是潮汕地区的民俗小吃、有名特产之一。普宁最先制作豆干的是普宁市燎原镇光南村人，始于明宣德元年，至今已有600多年的历史。普宁人烹调豆干的方法主要有煎、焗、炸三种，油炸的豆干外皮柔韧，内肉嫩滑，极具普宁的民俗风味。

　　普宁豆干的来源说来也是很趣致。据传，在元朝末年，群雄并起，陈汉皇帝陈友谅被朱元璋打败之后，陈友谅的军师何野云流落到了普宁一带。当时，普宁市光南村的二世祖母逝世，于是就请何野云选一个合适的地方建造墓地。当地人对何野云盛情款待，他为了表示感谢，便教光南人做豆干，于是大家都将这种豆干叫作普

普通话音频

粤语音频

宁豆干。从此光南村人便制作豆干并拿到集市上出卖，制作豆干剩下的豆渣便用来喂猪。因此，制作豆干和养猪便成为光南村村民近600年来的主业。

因为潮汕话中的"干"与"官"同音，所以普宁当地还有一个习俗，就是在小孩上学时，要买豆干祭拜孔子，其后给孩子吃，期望小孩聪明伶俐，将来可以做官。所以普宁豆干不仅美味、富有营养，还因为美好的寓意，而深受大家喜爱。

春饼

春饼又叫荷叶饼、薄饼，是一种烙得很薄的面饼，立春吃春饼有喜迎春季、祈盼丰收之意。春饼作为潮州传统名小吃，是由潮州古代民间小吃演变过来的。

相传在清朝以前，潮州大街小巷都盛行薄饼卷炸虾，蘸着甜酱吃，这种小吃主要是路边的小摊卖给小孩吃的。潮州名店"胡荣泉"的创始人胡荣顺、胡江泉两兄弟在此基础上，又把这种小吃改进为一直流传到今天的潮州春饼。

百年老店"胡荣泉"始创于清末，胡荣顺、胡江泉兄弟两人最开始在潮州昌黎路口摆摊，经营潮州小吃。兄弟二人颇有心思，一边经营，一边摸索小吃的制作手

普通话音频

粤语音频

艺，生意也越做越好。到了1911年，兄弟俩在潮州太平路上开了一间饮食店，店名用了兄弟两人名字中的各一字，得名"胡荣泉"。在兄弟两人的悉心经营下，"胡荣泉"的生意越来越红火，不但誉满潮州，更被传播至海外，还被潮州市民编成"歌仔"传唱。大家都说，"胡荣泉"是潮州最著名的百年老店，而店中的春饼更是一道必点不可的小吃。

啫啫煲最早在20世纪80年代广州的大排档出现，后来，粤菜酒楼中也流行起啫啫煲。这是餐桌上一道独特的风景线，当食材放于瓦煲中，经过极高温的焗烧后，瓦煲中的汤汁不断快速蒸发而发出"嗞嗞"声，"嗞嗞"粤语发音为"啫啫"，于是广州人便巧妙地将其命名为"啫啫煲"。

"啫啫煲"出身于市井，风靡于20世纪八九十年代广州街头巷尾的大排档。那时候的广东作为改革开放的前沿阵地，每天需要为无数的城市建设者们提供饭食，因为需求量太大，而那些费时费力的精致炖煮、煎炒根本来不及做。这样的情况并

普通话音频

粤语音频

没有难倒广东的厨师，他们综合了各种考量，巧妙地利用了煲仔饭和铁板烧的做法，从而创造性地发明了"啫啫煲"这一绝佳的美食。

　　本地人吃啫啫煲从来不会一个人去吃，是因为它是一道热闹的菜，正如香港资深美食专栏作家朱文俊形容的那样："它总是离不开热闹，沸腾的声响，氤氲的烟火，激烈的香气，灼烫的热力。"所以"独乐乐不如众乐乐"，约上三五好友共享一顿"啫啫煲"，才能体会到"啫啫"的真正乐趣所在。

龟苓膏

龟苓膏是用龟板、土茯苓、生地、金银花等中药材熬制而成的一种药膳，据说还曾是清宫中专供皇帝食用的名贵药物。

相传龟苓膏诞生于南宋末年，当时元兵攻陷临安，杨太后带着年幼的皇帝将都城迁于广东新会崖山，从迁的军民约有20万，他们第一次来到广东地区，基本都水土不服，上吐下泻，严重影响了战斗力。

当时的宰相陆秀夫和御医商议，在凉粉草的基础上，将原来宫廷中一种清热祛湿的养生食疗秘方加以改进，在鹰嘴龟、土茯苓、生地、蒲公英、金银花等原料中，加入新会崖山当地特有的凉粉草制成膏状药物，这就是龟苓膏的雏形。

普通话音频

粤语音频

之后到了元朝至正年间，陆家后人见不少人为当地湿热所困扰，就根据祖传秘方创建了"生和堂"药栈，以龟苓膏济世。生和堂后人选取崖山独有的凉粉草，将传统古法与现代技术融汇，从神仙草、茯苓、金银花、蒲公英、甘草、龟等传统食材中精心提炼出口感药效都好的龟苓膏。

　　在岭南地区湿热的气候之下，来一杯清热祛湿、滋阴养颜的龟苓膏，确实是很好的选择。

湾区有段古：湾区吃啲乜

糖不甩

　　糖不甩又叫如意果，是广东地区的一道传统甜品，口感甜而不腻，酥滑香甜，老少咸宜，被人们称为汤圆的"孪生兄弟"。它的做法简易，把糯米粉煮熟后揉成丸子，再裹上厚厚的糖浆，最后撒上炒花生碎就大功告成了。

　　传说清朝的时候，鸦片由外国传入中国。那时候的中国民众并没有意识到鸦片的危害，只当它是个能带来短暂欢愉的新奇玩意儿，就争相吸食鸦片。这导致很多人的身体出了严重的问题，每天恍恍惚惚、虚弱无力，没有精神去生产劳动。

　　天上的神仙知道以后，就特地研制了一种丹药拯救人们。但因为药很苦，没有人愿意吃。于是神仙就把丹药裹进了糯米

普通话音频

粤语音频

做成的团子里，还在表面裹了一层厚厚的糖浆。吸食了鸦片的人在吃了丹药后，都慢慢恢复了健康。因为这个丹药被裹进糯米团子里，甩都甩不掉，而且它的表面是厚厚的糖浆，于是人们给它取了一个生动形象的名字——"糖不甩"。传说里所说的糯米团因美味而被流传下来。

后来，糖不甩成了广东人十分喜爱的一种甜品，在大街小巷都可以看见它的踪影。

姜醋

用姜和醋调制而成的食物被称作姜醋，比如猪脚姜、姜醋蛋、姜醋白切蟹。猪脚姜是广东的传统名菜，可以滋补身体。尤其是坐月子的时候，吃猪脚姜可以帮助女性驱寒活血、补钙。

相传明朝的时候，一个卖肉的屠户娶了一个漂亮孝顺、勤劳能干的妻子，但遗憾的是，二人成婚数年始终没有生下一儿半女。在那个时代，"不孝有三，无后为大"，尽管婆婆不舍得这个媳妇，却还是逼着儿子休了她。

媳妇一个人伤心地搬去了山边的一间茅草屋，但这时，她却发现自己怀孕了。在那时，前夫探望前妻是不吉利的事，于是两人一合计，把怀孕这事儿隐瞒了下

普通话音频

粤语音频

来。为了更好地照顾女人和肚子中的孩子，男人每天将卖剩的猪蹄放在茅草屋前的大缸里。为了能让猪蹄不变坏，男人又倒了很多陈醋到大缸里，还悄悄放了很多家里拿来的鸡蛋、生姜。

　　等孩子出生又长大了一点后，媳妇终于肯原谅婆婆，便让儿子捧着一大碗猪脚姜上门认奶奶。奶奶看到以后悲喜交加，抱着孩子激动地说"好酸（孙），好酸（孙）"。从此，许多广东人家里生完孩子，都会熬上一大碗猪脚姜分给亲朋好友，表达喜悦。

疍家糕

　　粤港澳地区地处海边，江河水网发达，自古以来就有很多生活在船上的人家，称为疍家。疍家人除了在生活习俗上与陆上人家不同，也有着不少特色的美食。例如疍家糕就是其中之一。

　　疍家糕，又称为千层糕，主要流行于肇庆西江一带，是当地疍民的节庆食品，既可用于祭祀，也可作为日常礼品互赠以及日常食用。疍家糕一般分为咸甜两种，咸糕以粘米、芝麻、花生、虾仁、猪肉为材料；甜糕则以粘米、白砂糖为材料。制作方面也十分讲究，需经过浸泡、磨浆、调配、蒸煮、冷冻、切割、包装等多个工序，仅浸泡大米就需3到4个小时，蒸煮时每隔5分钟就得铺一层米浆。做出来的疍家糕爽滑可口，米香十足，极具风味。

　　关于疍家糕的起源，有不少不同的版本。

普通话音频

粤语音频

其中比较著名的一个，说的是蛋家糕源自于战国时期的吴国。当年伍子胥在楚国受到迫害，流亡入吴国，辅助吴王阖闾击败楚国，成就了一代霸业。吴国人为了庆贺伍子胥的功绩，就制作了这种蛋家糕作为庆典之用。后来伍子胥被吴王夫差迫害而死，吴国最后被越国所灭，吴国人更加感念伍子胥的事迹，以吃蛋家糕的形式来纪念这位英雄人物。到了明末清初时期，南明的永历皇帝朱由榔曾经在肇庆建政，当地的蛋民还曾经以此糕来敬奉永历皇帝与群臣。

如今，蛋家人基本上已经上岸定居，但蛋家糕的做法还是保留了下来，成为当地的美食之一。

鸡公榄与飞机榄

　　鸡公榄是广州市的传统小吃，是当地老人们的童年回忆。鸡公榄由上好的白榄经过一系列复杂的工艺加工而成，味道有甜有咸有辣。甜味的鸡公榄是和顺榄，咸味的是甘草榄，辣味的是辣椒榄，都十分受广州人的喜爱。

　　那么这个小吃为什么会叫"鸡公榄"呢?

　　原来这个名字源于卖榄人。卖榄的小贩为了吸引来来往往客人的注意，会把色彩缤纷的纸扎大公鸡套在自己的身上，边吹唢呐边叫卖。大公鸡的模型大小往往依据小贩的身形而定，模型的腹背中空，人钻进模型里，用一条

普通话音频

粤语音频

过肩带把大公鸡提起来。小贩卖的榄也都会放在鸡腔内，任由食客们挑选。小贩们会先用唢呐模仿公鸡的叫声——"滴滴哒"，再接着喊"鸡——公——榄——有辣有甜有唔辣"。因此，人们就把这种榄称作"鸡公榄"。

而除了"鸡公榄"之外，还有一种很受小朋友欢迎的榄——"飞机榄"。

所谓飞机榄，其实卖的都是与鸡公榄差不多的商品，最大的区别在于售卖方式。当时很多卖榄人都会沿街叫卖，除了路过的人会帮衬之外，一些住在楼上的人也会听到叫卖声，想要购买。一些住得比较高的，往往懒得下楼，一开始的时候会扔下一根系着篮子的绳子来买榄。但这个办法速度太慢，买榄的人往往会等得不耐烦。于是卖榄人就练就了扔榄的功夫，力求把榄准确的扔到各家各户的阳台上去。后来，人们听到街上小贩的叫卖声就会打开窗户，扔给小贩一两文钱，小贩拿到钱后就会将榄稳稳地扔到食客们的家里。

因此，这种榄就被人们叫作"飞机榄"。

及第粥

广州人向来喜欢吃粥，用来煲粥的材料十分丰富，不同的材料能煲出各种不同风味的靓粥。而在广州粥的做法里面，有一种相当特别，就是用肉丸、猪肠和猪肝一起煲，风味十分独特，这就是老广最熟悉的及第粥了。相传及第粥还与明朝广东才子伦文叙有关。

早年伦文叙家境贫寒，靠卖菜为生，但他自幼聪明伶俐，擅长吟诗作对，在街坊之中颇有名气。他家附近有个粥档，老板看他颇有前途，就每日帮衬他买菜以资助他生计，又经常请他吃粥。因为每日多余的材料不

普通话音频

粤语音频

同，所以这碗粥的配料有时是猪肠，有时是猪肉丸，有时是猪肝，有时则什么都有。后来伦文叙高中状元，感念老板当年的恩情，特意回乡请老板再煲一碗当年的粥，并且因为自己高中，所以为这碗粥题名为"及第粥"。

自此之后，这种做法独特的粥就传遍广府地区了。

凤爪

　　凤爪又被称为鸡爪、凤足，是粤菜中的一道传统小吃。广东人喝早茶，凤爪是仅次于虾饺、烧卖的必点品种之一。它富含胶原蛋白、钙质，有软化血管、美容养颜的功效。凤爪的做法简单来说分为煮、炸、蒸三步。先将鸡爪放在加了醋和饴糖的水中，然后在鸡爪煮到快熟的时候捞出来，再炸到鸡爪熟透，呈现红色为止。炸完之后将鸡爪漂水，使它的皮和骨头分而不离。最后加酱料芡汁，把鸡爪蒸到软烂。

　　有趣的是，深受我国人民喜爱的凤爪，在德国并不讨喜。德国人十分

普通话音频

粤语音频

抗拒吃鸡爪，他们在杀了鸡以后就会把鸡爪扔掉，鸡爪对他们而言毫无价值。看到这一现象，善于经商的中国人就发现了其中的商机。有一位中国商人以此为契机，开了一家公司，专门回收德国人不要的鸡爪，再运到中国。来到中国以后，鸡爪的地位一下子就提高了，从在德国时"零价值"的废品，摇身一变成为人人喜爱的一道美食。

"三及第汤"，是梅州市蕉岭县民间传统特色小吃，属于客家菜，是当地人根据当地的饮食习惯，充分利用当地的菜肴资源创制而成的佳肴，距今已经有二百多年的历史了。

在科举取士的时代，状元、榜眼、探花为殿试的头三名，所以合称"三及第"。相传在清朝年间，当地的状元林召棠，为了对父母老师表示感谢，就在宴席上用猪肝、瘦肉、猪肚这三种猪的内脏比作三及第，配上枸杞叶、咸菜等辅料，再加上几滴酒糟，制作出了一碗味道鲜美、营养丰富的鲜汤，三及第汤就由此得名。

后来，三及第汤制作的过程和蕴

普通话音频

粤语音频

含的意义都被传开了，在当地大受欢迎，广为传播。一碗三及第汤，加上一大碗腌面，成为了当地人早餐的最爱，当地俗话还有"早上一碗三及第，上山打虎有力气"的说法。

三及第汤在当地人眼里，不仅是可口的佳肴，更包含了他们重视教育的观念和对未来美好生活的向往。

大良崩砂

　　大良崩砂源自佛山顺德，是由面粉拌和猪油、南乳、白糖等配料制成的传统食品。它色泽金黄，像蝴蝶形，当地俗称为"崩砂"，即蝴蝶之意。大良崩沙与盲公饼、西樵大饼并称为佛山三大手信特产，吃起来香浓酥脆，凉了之后再吃还能入口即化，十分美味。

　　相传，大良崩砂创制于清朝乾隆时期。大良人梁成章在县城东门外经营的"成记"油炸店首次制作出了大良崩砂。刚开始大良崩砂是脆硬的薄片，后来，顺德人李禧及后人潜心研究，进行了不断的改进，用面粉拌和猪油、南乳、白糖等配料制作成片，折卷后切捏成蝴蝶的形状，再放入锅中油炸。炸出的小食甘香酥化、咸甜适度，深受人们喜

普通话音频

粤语音频

爱。日后逐渐形成了"李禧记"这个老字号。

关于"李禧记"崩砂店的传承还有这样一段故事。两百多年前的"李禧记"经过不断的改良，制作出的崩砂酥化入口，增加了蚝油、榄仁、虾蓉味等各种不同的口味，十分诱人，因此成功经营了许多代。但如今，却出现了一种奇怪的现象：只要你见到有一家"李禧记"，那它的附近肯定还会有一家"李禧记"，食客们往往会疑惑到底哪家才是正宗的呢？其实都是。在传承过程中，"李禧记"后人的几个堂兄弟分开营业，却仍都沿用"李禧记"的名号。

如今，大良崩砂已成为当地人饮食文化中一个闪亮的代表，驰名国内外，是游客到广东一定要品尝的美食。

大良炒牛奶是一道久负盛名的顺德美食，最早始于佛山顺德大良镇，距今已有上百年的历史。它主要由鲜奶、鸡蛋清和淀粉等制作而成，口味独特而美味。相传在民国时期，广州永汉路的木排头横巷里，有一家小食肆。这家小食肆的特别之处在于它的经营者是清一色"退隐女佣"，也就是从大户人家离职的女佣。据说，正是这家小店发明了大良炒牛奶。经营者们研制新的奶制品制作方法，她们把原奶煮沸后冷却放置，然后取回面上凝结的奶皮，一层层地炼取，最后

普通话音频

粤语音频

倒入猪油锅中，猛火热炒而成。炒牛奶甘香嫩滑，品尝过的食客都赞不绝口，这家小店也因凤城美食而非常出名。

后来在20世纪40年代初，凤城名厨龙华师傅针对炒牛奶又进行了重要的改良，让炒牛奶更加广受欢迎，成为一道家喻户晓的美食。

大良炒牛奶使用"软炒法"，炒出的牛奶不泻不焦、入口润滑、奶味浓郁，称得上是岭南一绝。

恩平簕菜

　　簕菜是恩平的特色食品，恩平当地的百姓早在上个世纪就开始采摘食用簕菜，有着悠久的历史。由于独特的自然地理条件，恩平产出的簕菜甘凉酥脆，爽口至极，而且还有"解百毒"的功效，清热排毒、消暑解渴，深受人们喜爱。

　　相传，在清朝时期，恩平新上任了一位知县。他工作勤恳，为百姓办实事，因此受到百姓的爱戴。但天有不测风云，知县上任不久便得了一种怪病，他浑身长满了红泡，奇痒难忍。人们相继找了好多大夫，尝试过许多办法：熬制中药，从山里采摘草木制成糊状擦涂红泡等等，却仍然不见好转。

　　眼看知县的身体每况愈下，一位山里

普通话音频

粤语音频

的老夫前来拜访，称自己有办法救治知县。由于情况紧急，也只好死马当作活马医。于是，老人召集村里的年轻小伙，到大山里采摘一种叫簕菜的野生植物，然后，他把采摘到的簕菜与猪肝、瘦肉混合在一起来煲汤，给知县食用。没想到，吃了一段时间后，知县身上的红泡消失了，人也恢复了健康。从此以后，恩平人为了预防疾病，经常用簕菜与鲫鱼一起煲汤来喝。

如今，恩平簕菜的种植经过几十年的栽培实践，形成了一套特别的种植方式。清香微苦的恩平簕菜广为制作，得到了许多食客的认可。

鸡仔饼

鸡仔饼是广州的特色小吃，也是广东四大名饼之一，它始创于清朝咸丰年间，已有170年的历史。据说是源自一位师傅把制月饼的原料按小凤饼的方法制作而成，而研制出的新品种"成珠小凤饼"，又因小凤饼形状像雏鸡，故称"鸡仔饼"。鸡仔饼以面粉、花生、芝麻、核桃等为原料，口味甘香酥脆。

相传，清朝咸丰年间的一天，广东人伍紫垣设宴招待外地的客人，但碰巧主厨不在，伍紫垣便叫自己的婢女小凤去准备一些点心。

小凤去到厨房，却发现家中一时之间没有可以煮食的材料。客人已经在外面等候，要是空手出去实在说不过去。小凤是顺德人，自小都颇通美食之道，

普通话音频

粤语音频

她急中生智，跑到成珠楼把常年储存的惠州梅菜取出来，将惠州梅菜和五仁月饼馅放入碗中一同搓烂，又将肥猪肉用糖腌好加入碗中，再加上精盐和香料一同拌和。混合充分后，小凤将它们用饼皮包裹好，并捏成丸形，稍稍压扁，最后放入炉中用慢火烘烤至表面酥脆。

没想到，这道点心非常成功，客人们赞不绝口，并询问主人此饼何名。由于是小凤巧制的，伍紫垣便随口说是"小凤饼"。就这样，一个新品种"小凤饼"就诞生了。后因其形状像雏鸡，所以才又称为"鸡仔饼"。

湾区有段古：湾区吃嘅乜

金榜牛乳

金榜牛乳创始于明朝，原产自广东佛山的大良镇金榜村。因为形状为圆片，故也称"金榜牛乳饼"。它的味道是咸中带着甘甜，还能和广东粥混合在一起吃，香甜可口。金榜牛乳有正气补身、清热下火的功效，深受当地人的喜爱。

相传，金榜村耕地稀少，人们利用当地资源，以养水牛为生。初期，人们能靠养水牛、卖牛肉维持生计，但由于周期长收益少，大家开始慢慢寻找新的办法，一些金榜人逐渐开始以养水牛、卖牛奶为生。但是水牛不像其他的奶牛，它们只在哺乳期才有

普通话音频

粤语音频

牛奶，可哺乳期的牛奶又需要用来喂小水牛，因此最后留给村民们拿去卖的牛奶少之又少。这可怎么办呢？

聪明的金榜人发明了一种独特的牛奶保鲜方法，他们将食醋和食盐与水牛奶混合在一起，这样可以使牛奶蛋白凝固，然后再用模具压制成圆片状，这就制成了晶莹剔透的牛乳片——金榜牛乳。这样的改良非常成功，牛乳片不仅大卖，还解决了人们的生计问题。经过一代代人的传承发展，金榜牛乳成为了老少皆宜、男女都爱的顺德名小吃。

号称"东方芝士"的大良金榜牛乳，如今已远销国内外。新加坡、马来西亚等地方都有华侨商户，以"金榜牛乳"的名号来招揽客人。

湾区有段古：湾区吃啲乜

虾饺

　　广东的早茶文化，是广东美食一个重要的组成部分，而点心则是早茶的精华所在。提到广东点心，虾饺可谓必不可少的一个品种，作为广州的特色小吃，虾饺已有上百年的历史。

　　相传，在20世纪初，广州市郊伍村五凤乡有一间家庭式的小茶楼。当时的伍村非常繁荣，地方优美，一河两岸，盛产鱼虾，河面经常有渔艇叫卖鱼虾。而这家小茶楼的老板为了招徕顾客，就因地制宜想了个特别的办法。他收购当地出产的鲜虾，叫茶居师傅将鲜虾配上猪肉和竹笋，制成肉馅，用粘米粉制作包裹的外皮。这样别出心裁的创新，赢得了食客的喜欢，

普通话音频

粤语音频

不仅味道鲜美，而且价格便宜，很快就流传开来，这也就有了最早的广式水晶虾饺。后来经过改良，以一层澄面皮包着一两只虾为主馅，份量大小以一口为限，效果特佳，更加吸引客人。

　　虾饺不但美味可口，还有着丰富的营养，钙的含量为各种动植物食品之冠，特别适宜老年人和儿童食用。如今，虾饺已成为中国华南地区最有名的小吃，上至五星级豪华大酒店，下至街边点心店，都有虾饺供应。

英德红茶

英德红茶是清远英德市的特产，因其红茶品质上乘，滋味醇滑、香气浓郁纯正，被茶界认为是中国乃至世界最好的红茶品种之一。英德自古就是茶产区，种茶历史可追溯到1200多年前的唐朝。在1959年，"英德红茶"试制成功，色泽乌润细嫩、汤色明亮红艳和滋味醇香甜润的英德红茶很快便享誉中外。

英德红茶一开始就有"走出国门，香飘世界"的目标。中华人民共和国成立初期，国家有出口创汇的战略需要，而我国本是古老的茶叶大国，因此人们因地制宜地从云南引进大叶种到英德进行培育种植。年轻的英德红茶1959年才问世，但很快就在世界打响名头。

1965年10月，时任外交部长的陈毅

粤语音频

在朱德考察广东前，特地嘱托朱德向英德县委领导转告他的话："你们英德红茶连英国女皇都喜欢，一些外国朋友也常向我要，你们一定要搞出大名堂来。"原来，在1963年，英国女皇伊丽莎白二世的宴会上就曾经用英德红茶来招待贵宾，并获得宾客一致的好评。自此之后，英德红茶便闻名世界，更是被推上了一个新的台阶。

　　赢得了"中国红茶后起之秀"和"中国红茶之花"美誉的英德红茶浓香、鲜爽，如今也已经成为广东人民生活的一部分。人们在饭后、休闲、商谈中都有饮茶的习惯，饮茶成为了日常生活中必不可少的一部分。在英德，英德红茶不但可以作待客之物，还可以作为朋友之间礼尚往来的馈赠礼品。

石岐乳鸽

　　石岐乳鸽是广东中山的特色小吃，有着悠久的历史。20世纪30年代后期，中山先后从日本、澳大利亚引进"钦麻鸽"和"澳洲地鸽"，在当地居民的长期培育和杂交下，成为石岐乳鸽。它的胸肉厚实，吃起来更是嫩滑爽口，极受食客欢迎。

　　石岐乳鸽之所以闻名遐迩，是因为它有着多元杂交的血缘优势和精细周到的哺养。据说在1915年，香山华侨从美国带回来了白羽王鸽和贺姆鸽，将它们与本地原先的"外来鸽"杂交，才有了这种更为优良的食用鸽——石岐乳鸽。而且受到白羽王鸽的影响，它的羽毛非常的漂亮，姿色可人。

普通话音频

粤语音频

除了品种优良之外，石岐乳鸽的喂养也很有讲究。首先，在雏鸽刚破壳后的十三天内都不用人工的干预，而是由大鸽充当"养育员"，它们会把稻谷吃进胃里消化成谷浆，然后反吐出来喂养雏鸽。

　　而在乳鸽进入生长期后，就需要人们在饲料中加入小麦、绿豆和芝麻等，喂养十天。这时的乳鸽就变得肥肥胖胖，头上长出黄色的奶毛，此所谓的"得其时矣"，正是开吃的好时候。

　　不同的食客有不同的口味喜好，因此石岐乳鸽经过不断改良发展，现在可谓是花样繁多但依旧美味如初。红烧石岐乳鸽就风行了半个多世纪而不衰，算得上中山市的第一名菜。

　　如今，"石岐乳鸽"已不再是一个简单的菜式名称，它已成为了中山悠久美食文化的特有形象之一。

烧卖

　　烧卖据说起源于明末清初的元大都，在北京一带被称为"烧麦"，而后流传到广东、广西，人们将它称作"烧卖"。烧卖用小麦面粉制作荷叶边面皮，包裹上肉馅儿放入蒸笼中蒸熟。在广式早茶里面，烧卖是必点的点心之一，不过广式烧卖的做法比较特别，一般会将烧卖的皮蒸至略为干硬，所以称为"干蒸烧卖"。

　　关于烧卖的来历，还有这样一个有趣的故事。

　　相传明末清初时期，有一对兄弟，在呼和浩特市大南街大召寺附近开了家小店卖包子。后来，兄弟俩逐渐到了娶媳妇的年龄，哥哥娶了媳妇过后，嫂子希望能分家住，还要求包子店也全归兄嫂二人。善

普通话音频

粤语音频

良的弟弟没有跟哥哥计较，反而在店里打工卖包子。

　　但这样毕竟不是长久之计，弟弟也需要一定的收入今后用来娶媳妇，于是弟弟想了个办法：他在包子上炉蒸时，就做了些薄皮开口的"包子"以和哥哥的包子区分开来，卖包子的钱归哥哥，而卖这个"开口包子"的钱就自己积攒起来。后来，到店的食客越来越多，人们都很喜欢这个不像包子的包子，便给它取了个名叫——"捎卖"。经过许多年的演变，"捎卖"向南传播就改称为"烧卖"了。

伦教糕

　　伦教糕起源于佛山顺德的伦教镇，已有数百年的历史，是岭南地区的一种传统糕点小吃。由大米浆经过发酵蒸制而成，糕体晶莹雪白，糕身均匀有序地排列着小水泡似的孔眼，口感柔韧弹糯，有着浓郁的稻米清香。

　　相传，早年在顺德伦教镇有一家专门经营白粥、糕点的小店，小店位于一棵老木棉树和大石桥旁的水流迂回处。店主梁先生用上好的大米和桥底漩涡的流水作为制糕的原料，做出来的糕点松软香甜，因此经营的小店也一直生意红火。

　　有一天，他在蒸松糕前忘了放糕种，就只靠米浆自然发酵，本来以为做出来的

普通话音频

粤语音频

糕点不能吃了，没想到蒸出来的效果歪打正着，口感爽韧，远远超过了松糕。

于是梁先生沿用了这样的做法，并不断地改良技术和用料，这也就成了最早的"伦教糕"。

据说曾经住在广东的鲁迅先生就十分喜爱伦教糕，在《鲁迅日记》中，鲁迅先生对伦教糕大表称赞，认为其十分美味，名不虚传。

如今，经过许多代人的传承，伦教糕早已美名远扬，成为了岭南地区家喻户晓的一款美点。

湾区有段古：湾区吃啲乜

鸡蛋仔

鸡蛋仔，是香港极具特色的传统街头小食，被称为香港最地道的街头小吃之一。它是华夫饼的一种变体，在台湾又称鸡蛋糕、鸡蛋饼。因为外酥里嫩、口味独特、松软香甜，所以在粤港澳各地都十分流行。

而说起鸡蛋仔的由来，据说源于一次偶然的尝试。在1950年的一天，有个杂货店老板不小心打破了几个蛋。当时生计艰难，老板舍不得浪费这几个打破的蛋，于是尝试着加入面粉、牛油等配料弄成浆状，然后倒模做成蛋饼，发现味道居然很不错。

初次尝试成功之后，老板又突发奇想，把模具设计成了一个个小小的鸡

普通话音频

粤语音频

蛋形状，在杂货店售卖，没想到大受欢迎，成为了店里的招牌产品。最初的鸡蛋仔一般是用鸭蛋制成，因为价廉味浓，蛋中的腥味可令鸡蛋仔香味更浓。

鸡蛋仔起初是由街边小贩以手推车贩卖，不过现在的小吃店增设了许多不同的口味，可以添加巧克力、椰丝、黑芝麻、冰淇淋等等。

鸡蛋仔将鸡蛋的鲜香和牛奶的醇香巧妙地融合在一起，不但味道酥香可口，而且外表像一串串葡萄似的，可爱小巧，如今遍布粤港澳大湾区各地的大街小巷，广受欢迎。

葡国鸡

葡国鸡是澳门的代表菜之一，将整鸡、土豆、洋葱、鸡蛋，配以咖喱盐制，味道浓郁、鸡肉鲜嫩可口。不过这道名菜名字虽叫葡国鸡，却并不是葡萄牙人发明出来的。

当今葡国鸡的雏形，首先是在印度的果阿等地成型的，因为地处印度文化腹地，最初烹饪时的主要佐料以咖喱为主。后来从印度各地和南洋地区运来各种香料，为这道菜提供了更丰富的味觉选择。

到16世纪中期，葡萄牙人获得澳门的居住权，并开始从广东沿海进口所需的大部分食材。明朝时的沿海居民很少养猪，所以葡萄牙人在沿海地区能够买到的肉类以鸡肉为主。随着澳门成为"印度—南洋—日本—美洲"四地的贸易中转站，城市的财富日益激增。生活日渐富裕的市民，开始追求食物口味的提升，于是从印度引进了这种鸡的烹饪方法，经过改良，成为了澳门当地的美食之一。因为当时澳门人都以为这道菜是澳门葡萄牙人的菜式，所以就将它称为"葡国鸡"。葡国鸡使用的烘烤手艺是亚洲比较少见的烹饪手法，但食材与佐料则几乎全部来自东南亚地区。

葡国鸡流传至今，制作工艺也经过无数次的改良，随着澳门成为著名旅游地区，这道菜也越来越为人所熟知，成为了澳门代表性的美食。

钵仔糕

钵仔糕，是广东地区的地方特色传统糕点之一。以款式多样和口感"烟韧"著名的钵仔糕，和大多数美食一样都有其独特的意义。"烟韧"这个粤语词除了形容食物有韧性、不易断，还有一层意思，那便是用来形容情侣的恩爱、亲密。所以钵仔糕也成了情侣"拍拖"时常吃的小吃。

说起来，关于钵仔糕还真的有一段爱情故事。相传在清朝年间，有一个叫阿来的年轻人到香港谋生，在香港的街头卖起了家乡特有的一种点心——水晶钵仔糕。因为阿来做的钵仔糕晶莹剔透、味美可口，因而大受当地居民的欢迎。

普通话音频

粤语音频

而在他的顾客中，有一位叫阿花的姑娘深深地吸引着他，他总是会有意无意的多给阿花两块钵仔糕，就是希望姑娘可以每天光顾他的摊位。但有一段时间，阿来一连几天都没能见到他喜爱的姑娘，托人打听才知道原来阿花生病了。为了让心上人每天都能吃到她喜欢的钵仔糕，阿来就天天托人将钵仔糕送到阿花家中，为了给阿花补充营养，他还特意在钵仔糕里添加了红豆，同时也借此表达了自己的相思之情。阿花见到这加了红豆的钵仔糕时，也明白了阿来的心意。最后，他们幸福地生活在一起。

黄鳝饭

　　黄鳝饭是广东江门台山的一道名菜，以黄鳝、生姜汁、粳米为主要食材。江门台山的黄鳝因为特别鲜美，做出来的黄鳝饭口感松软，令人回味无穷，也成为了当地人无可替代的家的味道。

　　黄鳝饭作为家常菜，原材料的品质很大部分决定了菜肴的美味，而黄鳝无疑是黄鳝饭的灵魂。关于黄鳝还有一个有趣的传说。

　　相传很久以前，有一户姓黄的人家，家里有父母、爷爷奶奶和五个兄弟姐妹，共计九口之家。老幺名叫黄善仁，为人憨厚善良，村民干脆叫他黄善人，叫来叫去却把他的真名忘记了。

　　这个村庄前面有一条10多米宽的小河，小河间安砌了一步一跨的石磴，便于村民过河去赶乡场，用自己种的粮食、饲养的家禽

普通话音频

粤语音频

和打猎的野兔、山鸡去换盐和针线布匹过日子。如遇大雨涨水，石墩面上就刚好被水淹没，水流湍急，就只有胆大壮实的男人才敢踏水走过石墩。这时，憨厚壮实的黄善仁就会在小河边背妇女和小孩过河。

　　正好，当时观世音菩萨云游四方，察看民情，听说黄善仁做好事的事情，便想去试探一下，看看他是否真心实意助人。于是，在一个雨天，观音化身为一位美女，请黄善仁背她过河。谁知这个黄善仁经不住诱惑，在过河的时候毛手毛脚，触怒了观音。于是观音指着黄善仁道："你本姓黄，又应了'黄鳝'二字之意，干脆把你变为'黄鳝'，打入泥巴田，泥巴糊眼不见天，免得心生邪念，断头，千刀万剐为惩戒！"

　　说完，观世音用手指对黄善仁一点，黄善仁变成黄鳝游向一水田里去了。

信宜叫化鸡

信宜叫化鸡是广东茂名的一道特色传统美食。信宜鸡肉酥烂肥嫩，风味独特，颇受当地人喜爱。

关于叫化鸡有一个有趣的故事。相传在明末清初，有一个乞丐流浪乞讨，来到了一个村庄里。有一天，他饥饿难耐，无意之间在路上捉到了一只鸡。他本来想将鸡杀了再煮食，但是他既无炊具，也没有调料，一时不知如何下手。

最后乞丐实在是太饿了，于是带着鸡来到山脚下，将鸡杀死之后去掉内脏，把带着毛的鸡用身边的黄泥、

普通话音频

粤语音频

柴草裹好，置于火上烧烤，直到泥巴干了，就将泥壳剥去，这样鸡毛连着泥一起被剥掉，只留下香嫩可口的鸡肉。

此法做出的鸡肉香气扑鼻，乞丐想不到无意之中的尝试，令自己品尝到了从来都没有吃过的美味。正好有一位隐居在山里的大学士路过，闻到香味也来尝了一口，觉得味道十分独特，于是回家后命家人稍加调味如法炮制，味道更是鲜美无比。

后来，这种烹制方法就在民间流传开来，而鲜美少肥油的正宗信宜鸡做叫化鸡更是让这道美食成了富有粤西地方特色的名菜。

港式车仔面

　　车仔面是香港地区的一种特色低价面食，在许多港台电影里，我们也会经常看到车仔面的身影。比如电影《食神》里，星爷吃的"失败中的失败"的"杂碎面"就是车仔面的一种做法。

　　而关于车仔面这个名字的由来，也颇有一番典故。车仔面起源于20世纪50年代，是香港市民生活水平较低的年代。内地很多人涌到香港，在香港街头搭起车仔面档，摆卖咖喱鱼蛋和车仔面一类的熟食。贩卖车仔面的人大多在木头车中放置金属造的"煮食格"，分别装有汤汁、面条和配料，可自由选择

普通话音频

粤语音频

面条、配料和汤汁。"车仔面"这个名字，就是香港话音译过来的。香港人把"车子"念作"车仔"，因此在手推车上卖的面就被称作是"车仔面"。

一碗车仔面搭配着鱼蛋、猪皮、猪油渣、猪大肠、鸡翼尖、萝卜和生菜等等这些配菜，还有各种各样的酱料，很便宜就可以饱餐一顿。配菜丰富、价格实惠的车仔面流传至今，依然是很多人常常品味的美食。

干炒牛河

　　干炒牛河是粤港澳地区一款广受欢迎的美食，由芽菜、河粉、牛肉等材料炒制而成。干炒牛河外观色泽油润，一口咬下去牛肉滑嫩焦香，河粉劲道十足，回味无穷。

　　关于河粉的做法，据说源自一场乌龙事件。在抗战时期，广州地区一度被日军占领，各行各业都十分萧条。有一个叫许彬的商人只能被迫结束自己酒楼的生意，在广州杨巷路经营起了"粥粉面"店。那时的炒粉都要用到生粉这种材料，有一天，许彬发现生粉用完了，便只身前去日本人的地盘购买。但没想到日本人不允许许彬进去，许彬只得空手而归。

　　就在同一时间，有一个汉奸来到了许彬的店里，执意要吃炒牛河，但没有生粉就做

普通话音频

粤语音频

不成炒牛河。许彬的父亲再三解释店里的生粉用完了，汉奸却不相信，甚至掏出了枪威胁许彬的父亲。

正巧这时，许彬回到了店里，看到这一幕，他只得硬着头皮进厨房，烧红铁镬，不用生粉，只加入芽菜将河粉炒好，再加上牛肉草草应付。

令人意外的是，那个汉奸十分喜爱这个新口味炒粉，之后每晚都来店里吃。见状，许彬再在这个新工艺上下了点功夫，推出了改良后的"干炒牛河"，一时之间风靡广州。

2010年，"干炒牛河"更被美国《洛杉矶时报》评为2009年度十大食谱冠军。

西樵大饼

　　西樵大饼是广东省佛山市的一种传统小吃，颜色白中微黄，入口酥软，深受人们的喜爱。

　　相传在明朝弘治年间，西樵人方献夫在朝中担任吏部尚书。有一天他起床准备吃早点，仆人却迟迟没有端上来。方献夫走进厨房一看，原来是厨子起晚了来不及做早点。

　　眼看要来不及上朝，方献夫急中生智，在已经发酵好的面团中加入了鸡蛋和糖，做成了一个大饼。在炉子上烤了一会儿以后，就用布包好，匆匆出门了。到朝房以后，方献夫看还有时间，便吃起了饼子，味道十分可口。闻到饼的香味，旁边的官员们纷纷探头过来，

普通话音频

粤语音频

询问方献夫这是什么饼。方献夫思乡情切，便告诉大家这是"西樵大饼"。

第二天，方献夫如法炮制，又做了不少大饼带给自己的同袍们，一时之间，西樵大饼就在朝中流传起来了。等方献夫告老还乡后，他将这种制饼的方法教授给了西樵人。好的方法再加上西樵的好泉水，制作出来的大饼更加美味。后来，西樵人逢年过节都会用西樵大饼招待客人。

如今，西樵大饼也越来越多元化，推出了不少改良新款，改良后的西樵大饼不同于传统的口感偏硬，吃起来更像是蛋糕，非常符合大众的口味。

猪肠粉

　　猪肠粉又称"卷粉"，是广东地区的传统小吃，因为形状像猪肠而被人们叫作这个名字，颜色雪白，薄而嫩滑。

　　关于猪肠粉，还有一个有趣的民间故事。据传，乾隆皇帝游历江南时，大臣纪晓岚向他推荐了粤西的特色小吃。乾隆皇帝十分感兴趣，当即决定去粤西尝一尝。

　　乾隆来到粤西湛江一带，发现大街小巷上很多老百姓都在路边的小摊周围坐着，津津有味地吃着白色条状、糯糯的食品。乾隆皇帝觉得十分好奇，问身边的官员百姓们都在吃些什么，当地官员介绍说，这是当地的

普通话音频

粤语音频

米制食品，名叫"粉条"。乾隆出于好奇，也在铺子上要了一碗，吃完后称赞道："这粉条好好吃，好滑，好爽，果然粤西地区出美食啊！"又笑着说道："这个粉条的形状好像猪的肠子啊。"

乾隆皇帝这金口一开，从此，"猪肠粉"这一名称便从湛江地区开始流传至大江南北。

湾区有段古：湾区吃啲乜

白云猪手

　　白云猪手是源自于广州的一种特色小吃，在粤港澳地区尤其是广州市，很多酒楼都可以吃到这道菜。

　　相传古时，广州的白云山有座寺院，寺院后院里有一股甘甜的清泉，寺庙里有个调皮的小和尚，

　　有一天，寺院的主持长老下山化缘去了，小和尚就偷偷地到集市上买了几只猪手，在山门外面，弄了一个瓦罐，将猪手放进去烧着吃。猪手刚熟，他正准备捞出来吃的时候，师傅却忽然回来了。小和尚慌忙之中，把猪手丢进了寺庙里

普通话音频

粤语音频

的清泉中。过了几天，等到师父出门了，他将猪手捞上来，发现这些猪手不但没有腐烂，而且白净了许多。

小和尚怕味道太淡了，又把猪手放到锅里，然后用白醋和糖一起煮了一下，煮完后，猪手肥而不腻，皮脆肉爽，美味可口。

不久，这种炮制猪手的方法便在当地流传开来，"白云猪手"也因此得名。

白云猪手除了美味可口，还含有丰富的胶原蛋白，营养价值极高，据说还有美容养颜的作用。

「皇上皇」腊肠

　　在大湾区各种口味的煲仔饭中，腊味煲仔饭可算最为经典，而说到腊味，就不得不提广州老字号"皇上皇"。

　　腊味最早出现是在唐宋期间，据说阿拉伯人和印度人来广州传教或经商时，会携带有灌肠类的食品。广东人后来慢慢学会了腊肠的制作工艺，他们白天在凉棚晾晒，五更天时将腊味从棚里拿出，露天摆放，俗称"打冷风"，等到日出后，他们又将腊味收回凉棚，反复晾晒直至腊味风干为止。

　　相传在19世纪40年代，一个叫

普通话音频

粤语音频

谢昌的年轻人为了谋生计，就做一些腊味、咸鱼、茶叶、沙榄等挑担生意。他有一个哥哥叫谢柏，在经营一家名为"八佰载太上皇"的腊味行，这家腊味行每到秋冬季节经常人头攒动，日进斗金。后来谢昌有了资本，也开了一家腊味店，为了盖过哥哥，就叫"皇上皇"，还扩大经营范围，重金挖来哥哥店里的员工，与"太上皇"进行竞争。

　　如今，"皇上皇"腊味可以说是称霸了广州的腊味界，这个老字号腊味品牌也成为了优质食品的象征和标志。

鼎湖上素

　　"鼎湖上素"又称"如来上素"，距今已有百余年的历史。因为它是鼎湖山庆云寺的一道传统名菜，因此被称作"鼎湖上素"。

　　"上素"是高级菜的意思，据说这道鼎湖上素，是庆云寺一位老和尚选用上等鲜品烹制而成。

　　在唐代中期，禅宗创始人六祖慧能的弟子智常，在鼎湖山上建造了庆云寺，到了明朝崇祯年间，又修建了莲花庵，随后扩建了庆云寺。清朝初年的鼎湖山，寺院游人如潮，香火旺盛。许多游客前来逛寺赏景、烧香拜佛，场面极其热闹。

普通话音频

粤语音频

于是一些商贩就在鼎湖山下搭起棚子，摆上货物，开始贩卖东西。当时庆云寺有位老和尚，为了满足游山玩水的人们的口腹之欲，挖空心思想出了一道名叫"鼎湖上素"的菜。这个菜选用香菇、草菇、白蘑菇、黄耳、雪耳、木耳、榆耳、石耳、桂花耳、竹苏、发菜、银针、鲜蒜、榄仁、莲子、白果、炸面筋等诸多食材，再用芝麻油、酱油、绍酒等调料将素汤煮熟。然后舀出一部分汤盛入碗中，再将剩下的调料食物放在碗中填满。把碗反扣在大汤盘中，将盘中的食物摆成一个山的形状，再把多种调料的汁淋在上面，最后再用银耳等食材镶边，无论造型还是味道都十分出色。

　　由于鼎湖上素的名气很大，很多人都说"就算到了鼎湖山，不吃鼎湖上素也不算来过"。

东江盐焗鸡

东江盐焗鸡是广东省惠州市的一道传统名菜，属于客家菜，它的制法极其独特，味道也尤为与众不同，是宴会上常用的一道佳肴。

东江盐焗鸡做法的形成与客家人的迁徙生活密切相关。在从中原南迁过程中，客家人每搬迁到一个地方，都难免会被排斥，如果难以安居，就被迫搬迁到另一个地方。在迁徙过程中，家家户户都有饲养家畜，由于活禽不便于携带，客家人便将其宰杀，然后放在盐包当中，以便贮存、携带。到了搬迁地后，这些盐包中的家禽既可以缓解食物的匮乏，又可以滋

普通话音频

粤语音频

补身体。时间一长，这种盐焗鸡变得家喻户晓，成为每位客家妇女都能烹制的拿手菜肴。现在，人们常将鸡用盐先腌制好，等到要食用时，再放入锅中煮熟。

东江盐焗鸡还有吃了能够考上状元的说法，在当地高考前，总会有很多父母买给自己的孩子吃，希望自己的孩子能够取得好成绩。

太爷鸡

太爷鸡是驰名粤港澳地区的一道特色传统名菜，它的创始人叫周桂生，是江苏人，曾在清末时担任广东新会县的知县。

1911年，辛亥革命推翻了清朝，周桂生的官吏生涯也就此结束了。于是他带着家人来到广州百灵路定居，后来因为生活极其艰难困迫，他就在街边开了一家小店，专门贩卖一些熟肉制品。他凭借着当官时吃遍名贵佳肴的经验，灵活地将江苏熏肉的方法和广东卤肉的方法相结合，制成了既有江苏特色又有广东风味的菜肴，在

普通话音频

粤语音频

当时被人们称为"广东意鸡"。后来人们知道制作这道菜的人原来是一位县太爷，就叫这道菜为"太爷鸡"。

后来，"太爷鸡"还成为大三元酒家的招牌名菜，并在岭南地区广泛流传。太爷鸡独特的烟熏味与入味的卤肉完美结合，吃完口有余甘，令人回味无穷。

清远鸡

清远鸡是广东清远的特产，因为清远鸡后背还有麻点，所以又被叫作"清远麻鸡"，因为肉质滑嫩，不论何种做法都十分可口，受到许多人喜爱。

清远养殖清远鸡已经有一千多年的历史了，当地人们对清远鸡有着十分特殊的感情，而这背后有一个感人的故事。

相传在很久之前，清远城大发洪水，当时有一个叫张易的小伙子，为了保命爬到了自家屋顶上避难。但看到乡亲们被洪水冲走，他就忍不住奋不顾身地跳入水中救援，并努力把他们送到较为安全的

普通话音频

粤语音频

地方去。

　　在一次试图救人时，张易在身旁的枯木上发现了一窝小凤凰，他不顾危险坚持救出小凤凰。这一幕被正在空中盘旋的大凤凰看见，为了感谢张易，它抖落了身上带斑点的羽毛，大水退去，清远城原来养殖的鸡全都长出了斑点，乡亲们后来发现这些鸡的肉质比从前的更为鲜嫩，它们生下的小鸡也带有同样的斑点，清远鸡也就慢慢声名远扬。

清平鸡

清平鸡是粤菜白切鸡中的一种，采用浸制法制作成的，因其首创的清平饭店而得名，其制作方法独到、材料特殊甚至还得到了"广州第一鸡"的称号。不过清平鸡的出现，也确实花了清平饭店不少的心血。

相传，当年清平饭店扩建之后，急需加大盈利来保证饭店正常运营，于是当时的掌柜和主厨决定要研发一道饭店主打菜来吸引顾客。

广东素有"无鸡不成宴"的民俗，主厨于是决定制作一道风味独特的整鸡菜肴。他们想到本店从前制作

普通话音频

粤语音频

的白切鸡因为味入骨髓、肉质爽滑本就受食客喜爱，于是改良手法，用多种药材和香料熬制的鸡汤代替冷水浸泡整鸡，让鸡肉充分吸收鸡汤原有的鲜味。经过反复试验，清平饭店终于研制出不同于其他白切鸡的整鸡菜肴，并用饭店名称为它取名为"清平鸡"。自此之后，清平鸡名声大噪，众多食客慕名前来品尝。

如今清平饭店早已倒闭，但清平鸡的做法则流传了下来，成为很多饭店食肆的招牌菜之一。

广式月饼

广式月饼是广东地区的特色点心，和寻常月饼一样都是中秋节应季的糕点，与北方月饼相比，广式月饼皮更薄，并多以莲蓉、豆沙、腊味为馅料，更加适合南方人的口味。虽然广式月饼目前在全国的受欢迎程度很高，流传范围也很广，但其实广式月饼仅有不到两百年的历史。

相传在光绪年间，广东有一位叫陈维清的老师傅苦于长期不能创新糕点种类，为此着急上火，只能让妻子熬制莲子糖水喝了降火。当闻到清新的香气时他灵机一动，想到了用莲子制作馅料。

普通话音频

粤语音频

于是他去掉了莲子发苦的莲心，又加入白糖和油不断炒制，尝试许多次后终于成功研制出了独特的莲蓉馅，很快这种莲蓉馅被应用到了许多广式糕点。

后来一位学士品尝了这家糕点铺的莲蓉月饼后非常喜欢，为这家店题名"莲香楼"，莲香楼和莲蓉月饼因此越发出名。

一直到现在，广东人民还会把广式月饼作为中秋佳节送与亲朋好友的礼物，表示自己美好的祝愿。

梅菜扣肉是客家菜系中非常经典的一道菜，一般把煮熟的猪肉用酱油上色后油炸切片，与葱白等调料炒制放在铺有梅菜的碗里蒸透，等到食用时把它倒扣在盘中，"梅菜扣肉"因此得名。因为制作过程使用煮、炸、炒、蒸等多种方式，所以梅菜扣肉香而不腻、咸鲜可口，而最独特风味的来源——梅菜，还有一个有趣的故事。

相传，古时有一个妇人为了家中生计，开荒种地。但她一个妇道人家，种地实在是勉为其难，收成也不好，家中有一顿没一顿，孩子

普通话音频

粤语音频

也饿得面黄肌瘦。妇人见此状况，不禁悲从中来，伤心落泪。

就在这时，一位仙女驾着七彩云霞出现在妇人面前，送给她一包菜籽。妇人十分感激，询问仙女名讳，仙女只说自己姓梅就离开了。

此后妇人将菜籽种入田间，果然大获丰收，家中孩子再也没有挨过饿，妇人把菜籽分给邻里，告诉他们这叫作"梅菜"。到了冬天，妇人为了保存鲜菜，就把菜腌制起来，就是现在梅菜扣肉中的梅菜了。

尽管现在我们已经不需要用梅菜来果腹了，但仍然会在梅菜扣肉里寻找其特殊的风味和背后奇妙的故事。

豆腐花

　　豆腐花是一种用黄豆制作成的小吃，至今已经有两千多年的历史了。豆腐花制作过程较为繁杂，需要吧打成浆的黄豆经过过滤、煮沸、放凉、点卤才能形成。豆腐花本身无味，需要食用前加上或咸或甜的配料，地处南方的粤港澳地区一般都偏爱甜味的豆腐花。

　　关于豆腐花的来源，民间有许多传说，最出名的莫过于淮南王刘安孝顺母亲的故事。传说淮安王的母亲十分喜爱吃黄豆，但后来患病卧床，食用黄豆容易阻塞气管。淮安王心疼母亲，于是让人把黄豆磨成浆放凉凝固后给母亲吃，有一次厨师在磨好的豆

普通话音频

粤语音频

浆里不小心加入了药材中的石膏，厨师发现豆浆凝结得更快了，于是反复研究制成了豆腐花和豆腐献给淮南王，这才有了我们今天经常吃的豆腐花。

　　因为豆腐花口感滑嫩、清甜，调味因人而变、包容性强，所以一直深受粤港澳地区男女老少各大人群的喜爱。在大湾区有不少地方都以出品香滑的豆腐花作为招徕顾客的招牌，其中最著名的当数广州的白云山。据说白云山上的山水豆腐花都是以白云山的山泉水制作而成，所以特别香滑可口，很多市民辛苦爬上白云山，就是为了品尝那一口豆腐花。

湾区有段古：湾区吃啲乜

127

宰相粉

宰相粉，又称为清化粉、剪粉、切粉，是韶关地区的一款特色美食。它色泽自然，油滑透明，均匀爽口，有"炒而不烂，煮而不糊"的特点，在当地有炸、炒、烩、汤等多种食用方法，是当地很受欢迎的美食。

宰相粉的制作工艺颇为复杂，需精选山稻米，以山泉水经十多道工序制作而成，包括选米、浸泡、磨浆、蒸煮、晾晒、过水、切粉、团粉、晒干等。而"宰相粉"这个名称，据说是源于唐代名相张九龄。

张九龄，是韶关始兴县清化乡人，他自幼就聪明好学，七岁就能写诗作文，在当地颇有名气。不过当时

普通话音频

粤语音频

岭南地区无论经济还是文化，都远远落后于中原，作为岭南人要考取功名，实在不是一件容易的事。张九龄虽然早慧，但还是非常刻苦用功，常常秉烛夜读到深夜时分。

他的母亲眼见儿子年纪小小就如此用功，既欣慰又心疼，怕儿子身体吃不消，于是精选家乡的优质米，用山泉水浸泡后，用石磨磨成粉浆，再制作成米粉。每到深夜，她就会拿一两扎米粉，或煮或炒，给张九龄做个夜宵，补充精力。

后来张九龄官至宰相，成为唐代的名相。他十分思念慈母，便让家人模仿母亲米粉的做法，做成上朝用的朝笏状，分送给朝中大臣食用，大家都交口称赞。后来家乡人民为了纪念张九龄，就将这种米粉称为"宰相粉"，一直流传至今。

湾区有段古：湾区吃啲乜

横山鸭扎包

　　横山鸭扎包，是珠海斗门莲洲镇的传统美食，被称为"莲洲四大美食"之一。

　　所谓鸭扎包，其实包括了鸭的多个部位，是用鸭脚、鸭下铲、鸭翼、鸭肝、鸭肠和肥猪肉采取独特的方法腌制、晾晒、捆扎而成。鸭扎包根据不同的主料，还可以细分为鸭脚包、鸭下铲包、鸭翼包等等。

　　鸭扎包外表呈琥珀色，富有光泽，气味芳香，蒸熟之后食用更是香气四溢，骨肉酥脆，十分美味。

　　关于鸭扎包的来历，有一段这样的传说：早年，斗门一带商业发达，各种杂货铺生意十分兴旺。其中，有

普通话音频

粤语音频

一家专门做腊味、烧味的店铺，老板在制作腊鸭和烧鸭之前，会把鸭脚、鸭翼、鸭下铲、鸭内脏都丢弃掉。店里有个伙计自幼家贫，觉得这个做法实在太过浪费，于是将老板丢弃的鸭脚、鸭翼等都一一收集回来，并配上肥猪肉腌制，晒干之后捆扎在一起。等到吃饭的时候，就蒸熟分给工友们食用。大家吃过之后，纷纷赞不绝口，于是这款节省出来的美食就此成形，因为以鸭脚、鸭翼、鸭下铲等原料制成，所以被称为"鸭扎包"。

鸭扎包相传创自于光绪年间，流传至今，已有一百多年。如今早已走出珠海，在粤港澳地区广为流传了。

佛山扎蹄

佛山扎蹄是广东的传统名菜，至今已有三百年历史，以选料精细、工序繁复、入口即化等特点而名扬天下。其中，又以百年老店"得心斋"的出品首屈一指。

相传清朝乾隆年间，佛山一家猪肉店的店主看到人们外出旅行需带干粮，便寻思将猪肉卤熟，便于携带品尝，于是别出心裁地将猪手巧制成"酝扎猪蹄"出售，因为风味独特，甘香爽口，所以很受顾客欢迎。

有一天，一位巡抚到佛山视察，到达时已入深夜，他命差役弄些饭菜来当夜宵。但由于太晚，只剩这家猪

普通话音频

粤语音频

肉店还没关门，差役无奈，只好买了酝扎猪蹄回去。岂料巡抚吃完之后非常满意，连声赞叹"得心应手"。此后，酝扎猪蹄的名声不胫而走，店主也将店名易名为"得心斋"。

冲着好意头的店名，很多达官贵人、仕子商贾为求仕途顺利、生意兴隆，都喜欢到得心斋买扎猪蹄；而一般百姓人家，逢年过节也都会买酝扎猪蹄回家，祈求做事得心应手，心想事成，万事胜意。

如今，佛山扎蹄不仅是佛山人记忆里的一缕缕余香，也已然成为了佛山城市文化不可或缺的一部分。

新兴话梅

新兴话梅是广东著名传统特产之一，以其粒大肉厚、酸中带甜、入口香郁、持久生津等特点而闻名。新兴话梅是采用新兴县自产的优质青梅，通过腌制等工艺加工而成的梅干。这种梅干之所以被称为"话梅"，背后有一个相当有趣的来历。

相传在民国年间，一位说书先生来到新兴曹田村说书，因为说的时间长而口干舌燥，但是当时饮水的条件并不像如今这样便利，于是，当地的村民就给了他一颗用盐腌制的梅干来润口。说书先生把梅干含在口中，酸咸的味道刺激了味蕾让唾液在口中分泌，很快就润湿了唇舌。

普通话音频

粤语音频

后来，说书先生离开的时候，还带走了一大包梅干，这样他外出说书就不用担心说得正起劲之时口干舌燥了。看到了梅干的神奇功效，其他的说书先生也纷纷仿效，曹田村的梅干就受到了说书先生们的欢迎。由于说书先生的"书"常被称为"话本"，所以这种梅干就被称为"话梅"。

新兴话梅果肉丰厚，梅核小，集香、甜、酸、咸味于一体，在品类繁多的话梅中一枝独秀，一直深受民众的喜爱，还成为了国家地理标志保护产品。

市师鸡

　　市师鸡是广州十大名鸡之一，在广州街坊心目中有着不可或缺的地位。市师鸡好吃的秘诀就在于酱油，离开了酱油，市师鸡无非就是比较滑口的一碟白斩鸡。

　　市师鸡有两种最重要的配料，一种是豆豉油，还有一种是蚬蚧酱。吃的时候，先把豆豉油以泼墨的手法，均匀地淋在市师鸡上，这个手法叫作"关公巡城"。接下来就到市师鸡的灵魂——蚬蚧酱出场了，蚬蚧的味道非常饱满、丰富、有层次。夹上一块市师鸡，蘸上蚬蚧酱，这个叫作"韩信点兵"。

　　而市师鸡之所以被冠以"市师"之名，背后也是有一个故事的。

普通话音频

粤语音频

据说民国时期，广州越秀书院街设立了一家"市立师范学院"，简称"市师"。街道旁有一家"馨记饭店"，店内有位师傅叫周大可，其浸制的清远鸡有着独特的做法。因鸡味醇正，皮脆肉滑，深受周边街坊和师生的喜爱，颇有名声。为了让不熟悉这家饭店地址的客人也能够吃上这道美食，广大食客不约而同帮其取名为"市师鸡"。

　　虽然"市师"已不复存在，但"市师鸡"却因其选料考究、工艺独特、秘制酱油等特色，在一百多年后仍驰名岭南大地，成为老广们念念不忘的粤菜经典。

马拉糕

马拉糕是广东茶楼里常见的人气点心，通常会做成一大块圆形再切成小块来卖。在很多茶楼里，每逢点心推车一出来，上面的马拉糕都会被很快抢光，深受大人和小朋友的喜爱。虽然马拉糕和马拉松名字差不多，但其实并无关联，反而和新加坡有很大的历史渊源。

"马拉糕"原是新加坡的马来族人十分爱吃的糕点，因而得名"马来糕"。在20世纪，不少中国人都会下南洋到新加坡、马来西亚等地打拼，于是有人在尝到了口感和味道都

普通话音频

粤语音频

如此特别的"马来糕"之后，便决定把"马来糕"的做法带回中国。由于这种糕点最先传入广东一带，而"马来"这个名字用粤语来说就是"马拉"，所以这种糕点就被大家称为"马拉糕"。

　　正宗马拉糕由面粉、鸡蛋、猪油、牛油混合发酵三日，最后放在蒸笼蒸制而成。蒸好的马拉糕呈金黄色，有很多洞洞，非常蓬松、柔软，带有轻微的鸡蛋香味，跟松糕有点相似，却比松糕更松软。每嚼一口，里面鸡蛋、牛油的香味就会充满你的口腔，而后再从你鼻子里钻出来，难怪会深受各个年龄层的食客喜欢！

潮汕粿仔脯

潮汕粿条是广东潮汕有名的地方小吃，这种小吃是用米粉浆薄层蒸熟，晾凉之后，切条备用的半成品。切条之后可以炒、干捞或晒成粿仔脯等。而关于"粿仔脯"，还有一段美丽的传说。

相传一位名叫郭贞顺的女子，在术数方面颇有才能。元末明初时，战争连年不断，郭贞顺知道潮阳地区虽然远离中原，但是却临近海边，若战争是从海上打过来的，潮阳农业商业都会受到非常大的影响，后果不堪设想。于是她就想发明一种可以长久保存的粮食。

一天，郭贞顺在喝稀饭的时候，偶然发现饭碗里有几块小东西，嚼起来清香可口，但是一夹就碎，一直搞不清楚为何

普通话音频

粤语音频

物。后来翻米缸的时候才想起，几天前她在祭拜海神时，有几小块粿仔掉落在米面上，几天后用这些祭拜海神的米煮饭时，掉落在上面被晒干了的粿仔和米一起被煮熟后，才有了这些清香可口的味道。

　　于是郭贞顺便教人将祭神的粿品切成碎片，晒干储藏。不久，战争果然殃及潮阳，潮阳地区一片饥荒，幸得郭贞顺发明"粿仔脯"，才让当地百姓有充饥之物，渡过难关。

　　此后，"粿仔脯"在潮汕各地流传。时至今日，潮汕乡村的人们每逢"时年八节"，还会将吃剩下的粿仔晒干贮存，作为餐前小食。

禾虫蒸蛋

禾虫蒸蛋质软味香，营养价值极高，是许多广东人喜爱的美食。说到这道菜的灵魂原料禾虫，甚至还流传着一句俚语——"老公死，老公生，禾虫过造恨唔返"。

传说有位妇人刚死了丈夫，旧时的殡葬仪式需要拿着瓦盆到河边装水，清洁逝者的身体。岂料这位夫人在装水时听到了售卖禾虫的叫卖声，立刻将水倒了，转而去买了半盆禾虫。邻居不解，她就回答说："老公死，老公生，禾虫过造恨唔返。"意思就是，老公死了可以再找，但是禾虫过了季节就买不到了。禾虫之所以

普通话音频

粤语音频

如此抢手，一方面是因为禾虫不能人工养殖，只能靠自然生长；另一方面是因为禾虫生长的季节性强，一年之中，只有两段时间会"蒲头"（出现）。在农历三四月出水的叫"荔枝虫"，这时期的禾虫体型小，吃时带点腥味，适合炒制；而在农历八至十月出水的叫"金花虫"，较为肥美，可以用来煲、炒、炸、炖、焗等多种做法，禾虫蒸蛋就是其中最为经典和美味的菜式之一。

在珠江三角洲，禾虫一向被视作盘中佳肴，受到众多食客的青睐，就连《本草纲目拾遗》上亦有记载广东人民对禾虫的喜爱。

叉烧酥

叉烧酥是一种颇具代表性的粤式传统名点，也是不少粤菜茶楼餐馆卖得很火的一款点心，用酥皮包裹叉烧馅料烤制而成。叉烧酥表面色泽金黄，切开时露出艳红的叉烧馅料，渗发出阵阵叉烧香味，而香酥的外皮层层叠叠，一口咬下去，松脆的外皮很容易掉一地。

要说叉烧酥的制作，就不得不提到大赤坎的明火叉烧。据说在民国初年，珠海斗门的大赤坎村有一位名叫赵池大的少年，他通过"卖猪仔"的方式到了南洋马尼拉当童工，向一位来自广东、擅长制作"叉烧"的老乡拜师，干起了制作烧腊、经营餐馆的行当。几年间赵

普通话音频

粤语音频

池大学有所成，便自立门户。他在传承传统技艺的同时，又独创了别具一格的酱料配方和加工工艺，创立了自己的品牌，在马尼拉华人中小有名气。

后来，赵池大奉父母之命回到阔别多年的故乡成婚，自此再也没有回过马尼拉，而是回到了珠海斗门专心做烧味生意。他的叉烧酥以其色泽鲜明、滑爽不腻、脆而不韧、咸中带甜，且带有荔枝柴香的特色一直闻名四方乡邻，深受大家喜爱。

时至今日，大赤坎的叉烧秘方酱料、腌制工艺、建造烘炉、果木烧烤等一系列手工技艺已传承到第四代了。

老婆饼

老婆饼，是粤港澳地区的传统美食之一，源自于潮汕地区，以糖冬瓜、小麦粉、糕粉、芝麻等原料制成，经过烤制之后，外皮金黄酥嫩，内里香甜美味，是一款广受欢迎的小吃。

关于老婆饼的由来，有多个不同的版本。相传在元末时期，朱元璋带领起义军抗元，他的妻子马氏也跟着丈夫四处征战。这位贤内助眼看士兵们东奔西走，饮食不便，于是想出了用小麦、冬瓜等食物和在一起磨成粉再制作成饼，让士兵们用作干粮，既便于携带和充饥，口感也不错。这就是"老婆饼"的起源，后来人们经过不断改良，研制出更美味的配方，成为了一款著名的小吃。

而另一个版本则是说早年在广州有一位茶楼师傅，某日带了茶楼知名的招牌点

普通话音频

粤语音频

心回家给老婆品尝。谁知老婆吃完之后，居然说都比不上自己老家的点心冬瓜角。茶楼师傅不服气，让老婆做来尝尝，结果做出来的冬瓜角果然美味可口，茶楼师傅也赞不绝口。

之后，这位师傅将老婆制作的冬瓜角带回茶楼给大家品尝，众人都交口称赞，问是哪一家茶楼的出品？师傅说："是我潮州老婆做的。"于是茶楼老板就将这味点心称为"老婆饼"，并由师傅改良，成为茶楼的招牌点心了。

而除了老婆饼之外，还有与之相配的"老公饼"。与老婆饼相比，老公饼的馅料口味偏咸，外形呈椭圆形，表皮与老婆饼相似，但味道则有所不同。老公饼据说也是源自于朱元璋夫人马氏的发明，但论起知名度，则与老婆饼颇有差距了。

咸水角

咸水角是粤港澳地区常见的传统点心。其用料相当丰富，有猪肉、韭菜、虾米、冬菇、马蹄等，用糯米粉和面粉搓成的面团把馅料包成橄榄形状后，放进油锅适当煎炸即可大功告成。因为其馅内的汤汁丰富，味道浓郁，所以叫作"咸水角"。

作为广东的名小吃，番禺咸水角有着悠久的历史。相传明朝初期，广州出现了最早的茶居，叫"二厘馆"。他们多在街边巷口摆摊，用简陋的竹木搭棚，几张桌凳，一只小炉，茶居就开张了。光顾茶居的大都

普通话音频

粤语音频

是一些车夫、搬运工等穷苦人，大家在这里倾诉生活艰辛、互相关怀。正因如此，这种茶居的茶价也相当便宜，只收二厘钱，故称"二厘馆"。虽说收费便宜，但馆主仍会提供咸水角等广东茶点给客人品尝。由于其外皮炸得金黄发亮，吃起来外脆里糯，馅料爽口丰富，令人一食难忘，深受茶客喜爱。

后来，从"二厘馆"到大酒楼的菜单上都有了这款点心。时至今日，咸水角仍然是广东人喜爱的茶点之一。

蜜汁叉烧

蜜汁叉烧，是香港十大经典名菜之一，也是广东省传统名菜。其实"叉烧"原来是叫作"插烧"，而这一个字的变化刚好能代表叉烧做法的改良变化。

在以前，大家如果去吃烤全猪，最期待的就是它的里脊肉。但一只猪只有两条里脊，难于满足众多食客的需求，人们便想出一种方法，将猪的里脊肉加插在烤全猪的腹内，用暗火在猪腹内烧烤而成。通过这种方法烤出来的里脊肉就叫作"插烧"。

但是这种方法也只能多插几条，

普通话音频

粤语音频

再多就没法烤了。于是，为了一次性烤出更多的里脊肉，改成将数条里脊肉先串起来，再叉着用明火来烤熟。后来又因为全瘦的里脊肉用明火烤会过于干枯，便将里脊肉换成了半肥瘦肉，并在外面涂上饴糖，通过其在烧烤过程中分解出来的油脂和糖分来缓解火势，防止肉质变干，还能添上甜蜜的芳香味。久而久之，"插烧"之名便被"叉烧"所替代了。

蜜汁叉烧肉质软嫩多汁、色泽鲜明，卖相相当可观，用叉烧制成的菜式也丰富多样，有扬州炒饭、滑蛋叉烧、叉烧包、叉烧酥等等，可见叉烧的美味与受欢迎程度。

水菱角

　　水菱角是广东一道十分著名的小吃，不过这道小吃虽然名字中带有菱角一词，但其得名却不是因为原料中有菱角，而是因为它爽口滑嫩、米香清甜同菱角的口感相似。原来，早年广东不少西关人士都爱吃时令性很强的菱角，但以前又没有完善的保鲜技术，所以就发明出了这道代替菱角的菜肴。

　　传说从前在西关带河路有一位汪婆婆，非常喜欢吃菱角，在吃不到菱角的季节她就十分苦恼，为了一年四季都品尝到类似菱角的口味，她就把大米磨成细细的粉，炒干水分后加上

普通话音频

粤语音频

温热的水搅拌成浆糊一般的米糊，用筷子"漱"出一个个菱角的形状放入开水中煮熟，再放入事先用虾米、瑶柱、腩肉、腊味、猪油渣、花生等十分鲜美的食材煮出的汤底里，辅以自己喜爱的调味料，就成了一碗独具特色的西关水菱角。水菱角做法出现后引起人们纷纷模仿，慢慢知道的人越来越多，也就一直传承至今，成为广州西关的一道知名小吃。

在2017年，水菱角还成为了广州市非物质文化遗产代表性项目之一，越来越多人到了西关，都会试试这道没有菱角的"水菱角"。

炒米饼

炒米饼是广东的传统美食，因为是由炒熟的大米磨粉加水制成的，民间也有俗称叫它"粉酥"，是广东四大名饼之一。有一首广为流传的粤语童谣就有关于炒米饼的歌词："氹氹转，菊花圆，炒米饼，糯米团，阿妈带我去睇龙船……"

现在，炒米饼作为一款传统小吃，常常被人们作为礼品赠送，但在一开始的时候，炒米饼的出现却是迫不得已的。

传说在宋朝末年，阳江附近的农村有一位老奶奶，因为当时朝政腐败，百姓的生计都十分艰难，这位老

普通话音频

粤语音频

奶奶家中没有田地，只能靠乞讨为生。

　　有一天，她很难得地从一户富裕人家的宴会上讨要到了许多锅巴，她一次吃不完，但又怕时间一长会坏掉，于是她就把当天吃不完的锅巴全都磨成粉，加水团起来后放到太阳下晒干，这样的米粉团就可以储存起来慢慢吃。

　　本来老人家做这种米饼，只是为了方便保存，但没想到做出来之后发现味道还很不错。后来，她的这个做法被越来越多的人知道，不少人都学着做，又用炒米的方式代替用太阳晒干，令米饼的口感更佳。

　　自此之后，这道炒米饼就成为了广东地区一款人人都吃得起，既能充饥又美味可口的小吃，一直流传至今。

广式牛杂

广式牛杂是广东地区最为著名的小吃之一，在粤港澳地区广受欢迎，是一种极具地方风味的吃法。

广式牛杂一般用牛肠、牛肺、牛膀和萝卜佐以花椒、八角等重味香料文火慢炖制作而成，吃起来咸香适口、回味无穷。然而，古时人们并没有食用牛肉乃至牛杂的传统，广式牛杂能成为名小吃还有一个很有意思的传说。

相传在很久之前，广东地区许久没有下雨，农田颗粒无收，当地的岭南王为了祈求上天下雨，就按照巫师所说的方法亲自耕种土地，祭祀农

普通话音频

粤语音频

神。祭祀完毕后，果然下起了大雨。但是因为饥荒已经持续了很久，有许多百姓已经因为长时间没有进食而奄奄一息，这时候虽然下雨了，但要等到庄稼种出来，人恐怕都饿死了。

于是，岭南王下令杀掉祭祀用的耕牛，将牛肉分给百姓吃，但人多牛少，眼看着不够吃，于是大家就把牛杂也利用起来，熬煮后分给百姓吃，这才帮助他们度过了饥荒。

自此以后，牛杂这道菜就慢慢流传了下来，加上人们不断的改良，形成了现在我们常吃的广式牛杂。

竹篙粉

竹篙粉是广东西部地区一道著名的传统小吃，尽管和普通河粉一样都是用米浆制成，但由于使用竹篙晾晒，竹篙粉的质感更加韧道。且又因为酱汁不同，因此竹篙粉更加滑嫩爽口，让人回味无穷。而关于竹篙粉的起源还有一个有趣的传说。

相传从前在广东德庆香山下有非常多的竹林，山上的村民就以买卖竹笋、竹编制品和腐竹为生。由于生活在山中，村民们生活十分艰苦，就算是腐竹也算是奢侈品，村

普通话音频

粤语音频

民们大多时候也舍不得吃。

　　于是，村民们就把腐竹和米粉一同晾晒在竹篱上面，等晾凉了之后再切来食用，没想到一同在竹篱上晾晒的米粉沾上了黄豆和竹子的香气平添一股独特的风味。继而村民们又在烹制的过程中加上自制的榨菜和辣椒酱凉拌，就成为了最早的竹篙粉。

　　经过多年的发展，现在德庆的竹篙粉可谓随处可见，已经成为了当地最具特色的小吃之一。

柱候鸡

柱候鸡是广东佛山一道著名的传统菜肴，到现在已经有120多年的历史了。柱候鸡因制作中使用柱候酱炒制而得名，而长时间的汤汁浸泡和生粉芡汁又给这道粤菜增加了不可替代的风味。

相传在清朝末年，有一次佛山举行秋色赛会，十分热闹。当时广东有一家叫作"三品楼"的饭店里，有一位叫梁柱候的厨师做得一手好菜，深受食客们追捧。

赛会当晚，一群宾客参加完巡游活动，来到三品楼想吃一顿好的，谁知因为时间已晚，来到之后发现平日

普通话音频

粤语音频

菜肴早已卖完，不免有些失落，有些人更加因为没品尝到梁柱候的手艺而不甘心离开。

　　梁柱候见这些客人对自己如此欣赏，也十分感动，于是决定就地取材，做一款创新菜式给大家享用。他见可用的食材只剩下鸡肉，于是用油面豉、白芝麻、猪油制作了一种特调酱汁，炒制一盘鸡肉端上桌去。食客们吃了纷纷叫好，这道"急就章"的菜式后来成为了当地的一道名菜。

　　之后，大家还用梁柱候的名字来命名这种特制酱汁和这道著名的菜肴，称之为"柱候酱"和"柱候鸡"了。

煲仔饭

　　煲仔饭也被叫作"瓦煲饭"，是广东一道十分著名的粤菜，常见有腊味煲仔饭、豆豉排骨煲仔饭等，因制作时使用瓦制成的煲而得名。制作时通常会在锅底刷油后再放入淘洗好的大米，加入配料煲制。米香、肉香、菜香的融合，且锅底有金黄香韧的锅巴，独具特色，令人食指大动。关于煲仔饭的来源还有一个很有意思的小故事。

　　据说，以前的广东人大都以黄米为主食，日常吃饭一般就用砂锅来煲黄米饭。早年在本地有一位老

普通话音频

粤语音频

翁，因为家中并不富裕，即使是常见的黄米也要节省着吃，时常会饿肚子。不过老人家虽然贫困，但为人十分善良，经常会分出自己的食物去喂养一些无家可归的野猫，而自己则在黄米中掺上菜根果腹。

有一天，老翁像往常一样在家做饭，突然听到有猫叫，他以为又是野猫来讨要食物，急忙跑出门去看，没想到野猫竟然叼来一根腊肠，老翁于是将腊肠切片放入砂锅中，做出的饭香气四溢，十分美味。相传最早的煲仔饭便是由此而来。

后来人们用白米代替黄米，并加入更多配料，比如，黄鳝、牛肉和窝蛋等等。经过多次改良，便形成了如今的煲仔饭。秋冬时节吃上香口味浓，还带着微焦的锅巴的煲仔饭，让人全身暖暖的，回味无穷呢！

沙溪扣肉

　　沙溪扣肉是广东中山一道非常著名的菜肴,被称为"沙溪三宝"之一。在沙溪,从五星级酒楼到普通家庭一般都会制作这道名菜。沙溪扣肉一般选用大块的带皮五花猪肉,用特制"耙板"打出多余猪油,加上调料,红烧切片,再与配料一起蒸制而成,软糯入味、肥而不腻,十分适口。

　　相传沙溪扣肉起源于南宋末年,当时的南宋皇帝和宋军因为被元军追击,南逃到了广东中山。当地的村民们为了支持将士们抗击元军,就很热情地用自家的猪肉加上多样香料煮熟来款待众将士。但士兵们看着大块的猪肉,想到村民们平时难以吃到猪肉,如今却用

普通话音频

粤语音频

来招待自己败军之将，纷纷不忍心下筷。村民们见状，就借用岳飞"壮志饥餐胡虏肉"的典故劝解将士们，说此菜名为"寇肉"，象征杀退敌寇，而且要杀敌立功总要先吃饱肚子嘛，将士们深受感动，纷纷吃下猪肉。后来将士们坚持与元军战斗到底，虽然南宋最终灭亡，但将士们奋战不休的精神依然激励着一代代的后人。

后来时间长了，"寇肉"也就渐渐被称作"扣肉"，菜肴的制作方式也不断变化，推陈出新，成为了当地的一道名菜。

广式粉果是广东地区一种非常著名的传统点心，又被叫作"娥姐粉果"。其制作方法相当简单，和虾饺有些相似，都是使用澄粉面皮包上馅料，但粉果中的馅料不仅有猪肉和虾，还有叉烧、冬笋、香菇等食物。而广式粉果之所以被叫作"娥姐粉果"，其背后还有一个有趣的故事。

早年，广州西关住着不少达官贵人，他们家中通常都会有一位管家女佣，负责主人一家的饮食起居，也负责管理其他女佣的日常工作。娥姐就是这样一位管家女佣，在一个官宦人家工作。

有一天，娥姐的主人家里要宴请重要的宾客，主人让她做几道好吃的点心。心灵手巧的娥姐觉得一般的点心不足以表示对客人的尊重，于是想做出一道所有客人

普通话音频

粤语音频

都没品尝过的点心。她把晒干的米饭磨成了粉，用开水和面当皮，将猪肉还有虾仁、冬菇和竹笋切成末做馅。包好了之后把点心蒸熟，便成了一道前所未有的美食。

　　客人品尝之后，都十分惊奇，连忙问娥姐点心的名字，娥姐心想此点心以粉做皮，形状又有点像树木的果实，于是便为这道点心起了个名字叫"粉果"。此事流传开去，当地的不少人家都派家里的女佣来娥姐这里学做粉果。一个茶馆的老板听说此事后，想到了一个生财之道，他用重金聘请娥姐过来工作，专门只做粉果。这个老板颇有心思，专门在室内装潢了一个玻璃档口，让娥姐在里面制作点心。娥姐本来就长得漂亮，通过档口的玻璃，顾客们能一边看美女，一边吃着美女做的点心，自然生意大旺，而"娥姐粉果"的名气，也就越来越大了。

猪肚包鸡

猪肚包鸡，是一道广东传统的地方名菜，属于客家菜系，又名"猪肚煲鸡"、"凤凰投胎"，流行于广东的深圳、惠州、河源、梅州等地，是广东客家地区酒席必备的餐前用汤，汤里浓中带清，有浓郁的药材味和胡椒香气。

而关于它的由来有这样一个故事。相传在清朝，乾隆皇帝宠爱的一个妃子叫宜妃，她刚刚为皇帝生了个儿子，乾隆十分高兴。宜妃产后身体虚弱，乾隆便吩咐御膳房炖补品给宜妃吃，可是因为宜妃有胃病，吃什么都没有胃口，身体日渐消瘦。宫里的太医想尽办法做各种名贵补品给宜妃

普通话音频

粤语音频

吃，还是无济于事。

为了治好宜妃的病，乾隆皇帝广招天下的贤能之士，希望有人能改善爱妃的胃口。

当时广东一名厨子见到告示立马进京，经过层层选拔，终被御膳房选中为厨子。他认为"药补不如食补"，要治好宜妃的病，不能光靠吃药，于是他把民间传统坐月子吃鸡汤的做法加以改良，把鸡放进猪肚里，再加上名贵药材炖汤，宜妃吃后果然胃口大开，经过一段时间的饮食调理，宜妃的胃病痊愈，而且肤色也红润有光泽，美艳动人。乾隆皇帝龙颜大悦，还为这道菜起了个名字叫"凤凰投胎"。

这道菜不仅去病强体，还有养生保健之功效，后来在民间广为流传，成为了许多人饭桌上必不可少的一道家常菜。

恩平烧饼

恩平烧饼，最早起源于明朝，有600多年的历史，是广东恩平传统特色小吃，主材料为糯米。经过烘烤的恩平烧饼散发着糯米的清香，是祭祖、感恩、喜庆之饼。那么恩平烧饼制作的始祖是谁呢？

相传在明朝永乐年间，恩平有母子两人住在一个旧宅子里，相依为命。

儿子阿德为人孝顺，每天起早摸黑外出打散工，而母亲则在家打理家务，日子虽然贫苦，但也还能勉强维持。

不过阿德外出打工，有的主人家不包吃，经常有上顿没下顿，有一次干了一天活没一粒米下肚，回到家中竟然饿昏了。

阿德的母亲心疼儿子，发誓要做一种很特别的干粮让儿子带出去干活，不怕饿肚子。但正所谓"限米煮限饭"，阿德妈试来试去，还

普通话音频

粤语音频

是找不到好办法，叹一口气，坐在灶前的凳子上睡着了。

睡梦中，阿德妈见到一个须发皆白、面容慈祥的老人家站在她眼前，自称是灶君，说见他们母慈子孝，所以专门教她一道菜式。

阿德妈一觉醒来，按着灶君指点，来到锦江河边，见到河里凸起两个石牛。阿德妈趟水走到石牛边，真如灶君所言，一个石牛身边有一片蜕下的、镬底大小的石皮。她大喜过望，将石皮取回家，将米粉和水做成一块块饼，放入油盐、葱花、猪油渣、糖蔗汁、花生馅等料，然后摊在石皮面，下面用干柴烧……不久之后，饼变滋黄，一股股幽香从饼面悠悠传出，满屋奇香，连外面路过的人都垂涎三尺，寻上门来，问："什么东西这么香？"

阿德妈高兴地随口而出："恩平烧饼！"自此之后，不少人慕名前来，一看究竟，一饱口福。阿德妈母子一合计，干脆在门口挂了个招牌，专做恩平烧饼，自此之后生活改善了不少。

后来恩平烧饼一直流传下来，成为了清明前后最受恩平人欢迎的食品，其风靡程度不亚于中秋的月饼。

古井烧鹅

古井烧鹅是广东江门市新会的一道特色名菜。烧鹅皮脆汁美、肉香甘甜，在烧鹅之中独树一帜，深受食客喜爱。

据说，古井烧鹅是用南宋宫廷秘方制作的。话说在七百多年前，崖山

普通话音频

粤语音频

海战结束后，一位在南宋宫廷里负责制作烧鹅的御厨，带着女儿逃难到新会银洲湖西岸的仙洞村。御厨在仙洞村开了一间烧鹅店，凭着宫廷秘制烧鹅的高超手艺，把鹅烧得色香味独特，很快便名扬远近数十里，生意特别好。后来御厨的女儿长大之后，嫁到银洲湖东岸的古井，也把父亲秘制烧鹅的手艺带到了古井。古井烧鹅便是由此而起，并代代相传至今。那么古井的烧鹅究竟有何独到之处呢？原来它从选鹅到制作都很有讲究。古井烧鹅常用的鹅种——"乌鬃鹅"，这种鹅不受污染，肉质最好。而在制作古井烧鹅的过程中，还有一个有趣的环节——充气。工作人员需要将气嘴插入到鹅颈中的皮和肉之间进行充气，变成了白白胖胖的"肥鹅"。这样，鹅肉和皮肤就会充分分离，烧制后鹅皮更加脆，肉质变得更香、更滑。此外，古井烧鹅用荔枝木烧，使烧鹅皮脆、色好，有特殊香味。

杨枝甘露

　　杨枝甘露是一种港式甜品，主要食材是西柚、芒果、西米，因为芒果和西柚都含有丰富的维生素，所以杨枝甘露是一道营养丰富的甜品。

　　杨枝甘露虽然本质上是芒果柚子西米露，但却拥有优美而独特的名字，那么杨枝甘露这个名字究竟是怎么来的呢？

　　其实杨枝甘露的取名是来源于观音手中的净瓶，"杨枝"是指芒果、西柚等木本水果，"甘露"则指椰汁、鲜奶等。

　　在传统的画像中，观音菩萨右手持杨枝，左手托净瓶，而瓶中的露水便叫"杨枝甘露"。观音菩萨手中的

普通话音频

粤语音频

杨枝甘露会带给人幸运与吉祥，而现实中则是一种热卖的港式甜品，清凉、爽滑，消暑解热，与人有益，一样可以带给品尝的人无限的幸福感觉。

　　杨枝甘露取名雅致，形色黄艳，滋味酸甜相间，清馨柔美。如果再加上一个冰淇淋，更是完美至极。由于其味道酸甜相见，所以有苦尽甘来的生活哲理在里边。杨枝甘露流传改良至今，每到炎炎夏日，来上一碗杨枝甘露，无疑是最好的解暑神器。

客家咸茶

　　由于耕作辛苦，休息的时候农民们特别需要补充水分和营养。而在客家地区，每当农忙时节，劳碌了一天的人们回到家中都希望能喝上一碗香喷喷的咸茶。炒好的花生、黄豆放入碗中，再将炒得七成熟的蔬菜、捣碎的芝麻等倒入装有茶叶的牙钵里，就是一碗既美味又能充饥的咸茶。

　　咸茶既是茶也是饭。如今的咸茶是由擂茶演变而来的。而关于擂茶的起源有两种说法，一种是据民间传说，汉武帝时期，将军马援率军南下远征交战，当途经广东地区时正值盛夏季节，无数将士患有当地流行的瘟疫，民间一个老翁献出家传秘方，让

普通话音频

粤语音频

乡亲们以茶叶、生姜、芝麻、花生、生米等为原料制成擂茶给将士们饮服，将士们病情迅速好转。

还有一种说法则认为，咸茶是源自于揭西县河婆镇南关城老妇人何婆售卖的街边小吃。当时的南关城是潮汕和惠州经商的必经之路，而何婆的擂茶缓解了往来商人的疲劳，因此名声远播。南关城就是现在的广东省揭阳市揭西县河婆镇，擂茶至今都还是那一带的主食。后来之所以变为河婆擂茶，可能是因为镇上有一条大河，或是为了纪念那位卖茶的何婆。

后来，随着客家族群的多次迁徙，擂茶逐渐形成不同的风格和口味。流传至今，在不少地区都有了新的变化，但不变的则是客家人浓浓的乡情。而在2010年6月，客家咸茶还被列入珠海市第三批非物质文化遗产名录。

肇庆切粉

肇庆切粉是肇庆的一种传统美食，是用西江流域优质的大米为主料、辅以甜润的西江水制作而成，属于粤菜的一种。以耐煮、有韧性、入口爽滑、味道鲜美为特点，深受广东一带食客的喜爱。

而关于肇庆切粉的诞生则来自于一个偶然的尝试。传说很久以前肇庆的一个小村落中，一个农户家中的老农夫身患怪病，食欲不振，每况愈下。老农夫的女儿阿秀是村里出名的孝女，看见父亲每天受病魔的折磨，十分心痛，请来各种大夫却都对父亲的怪病无能为力，为此阿秀每天走路到十里外的山神庙为父亲祈福。山神看见阿秀有如此孝心，于是化身成一位老人，托梦给阿秀教她制作一种粉条。

普通话音频

粤语音频

第二天，阿秀尝试按照梦中老人所教授的步骤，取当地的泉水，把家中的米放在泉水中浸泡一段时间，然后用石磨将浸泡的米辗磨成米浆，再将磨好的米浆，循环冲撞，加上适当的调味料，放入锅中蒸煮，一段时间后，锅里的粉熟了，阿秀把粉放到泉水中放凉，再捞起粉来进行切条。粉条制作完成后，阿秀用猪骨熬汤，把做好的粉条放在汤中进行煮热，顿时香气扑鼻，令人食指大动。

　　阿秀把汤粉端到父亲的病床前，父亲看着这奇怪的十分诧异，尝一口后发现异常美味，粉条入口顺滑，爽口柔韧，粉条吸收骨汤鲜味后同时也带着米香。而且因为粉条容易消化，父亲身体也逐渐好起来。

　　附近的村民听说此事，都纷纷过来尝试，这道美食就此流传了开来。到现在，肇庆切粉流传百年，吸引了越来越多的食客前来品尝。

糯米糍

　　糯米糍是一种典型的广式甜点，在粤、港、澳地区很出名，也很受食客喜爱。糯米糍以糯米为主料，辅以其他佐料加工而成。可食用、待客，风干之后，还可以作为馈赠亲友的好礼品。

　　糯米糍，又叫状元糍，这别名其中还有一段故事。相传在南宋年间，有个叫邹应龙的年轻人，虽然家中贫寒，但自幼勤奋好学，才学过人，在乡中颇有声望。在宁宗庆元二年，他赴京赶考，村民们都纷纷制作糍粑，让他可以在路上充饥，希望他能够金榜题名，光宗耀祖。一路之上，邹应龙就靠着这些糍粑，省吃俭用，终于成功赶赴京师。他的才华确实出众，在殿试之上表现出色，得到皇帝御笔钦点为状元。后来，皇帝问及

普通话音频

粤语音频

他上京赶考的经过，邹应龙便拿出乡亲们送他的糍粑，献给皇帝品尝。宁宗皇帝一尝之下，觉得此物不但可以充饥，味道也十分不错。更难得的是邹应龙靠着这些糍粑充饥，最后竟能够高中状元，于是欣然为这种糯米糍粑赐名"状元糍"。

糯米糍的制作难度虽然不高，但也颇为讲究。必须选用质地纯正、色泽透明的糯米，浸泡后蒸熟，再打成米糊，继而趁热打在事先准备好的簸箕里，再由负责捏糍粑的人捏成糍团，放入满载花生粉、芝麻、食糖等调料的盆里滚动。最后糍团蘸满粉料，就变得颜色淡黄，软韧适中，适合食用了。

广式文昌鸡

　　大家都知道"食在广州"，而在这句话的背后，是无数广州餐饮业的翘楚们共同的付出和贡献。其中，广州酒家自然是必不可少的一份子。广州酒家保留的那份汇集了数十道粤菜经典菜肴的菜谱中，有一道经典中的经典，那就是"广式文昌鸡"，这道菜可谓陪伴着广州酒家见证了粤菜近五六十年的发展。

　　相传，在20世纪50年代，广州酒家的名厨梁瑞等人前往海南的文昌县考察，发现肥美肉厚的文昌鸡因为鸡骨头过硬导致不方便食用，于是梁瑞等人经过研制后改良了这道菜，将文昌鸡去骨并斩成小块，将金华火腿、珍肝、菜软

普通话音频

粤语音频

等配菜和文昌鸡拼在一起，吃起来皮爽肉滑，让人回味无穷。因鸡来自文昌县，广州酒家又刚好坐落在文昌南路，因此得名"广式文昌鸡"。

这道菜的巧妙之处就在于将鸡浸熟后还得去骨、码回鸡形，考验的是师傅的手工，对于熟手师傅来说，从鸡浸熟后开始计时到上菜，需要二三十分钟才可以，故其价值便在于此。

广式文昌鸡造型美观，芡汁明亮，肉质滑嫩，香味甚浓，肥而不腻，被称为"广州八大名鸡"之一。在2009年，广式文昌鸡更是入选了首届粤菜峰会"粤菜十大名菜"之一。

黄金酥丸，是广东惠州地区的名菜，属于客家菜。它本身既是一道东江名菜，又可以作为其他菜肴的材料，是客家饮食文化的代表性菜式之一。

黄金酥丸的制作工艺在客家地区历史相当悠久，据传在清康熙年间已经开始流传，清朝袁枚的《随园食单》中也有相关记载，延续至今已有两百多年历史。

黄金酥丸的制作相当讲究，要经过选料、捶打、合浆、捏丸、浸泡、油炸六道传统工序，各环节都有独特技巧，其中尤以选料和捶打最为特别。选料要用当天凌晨宰杀的土猪肉，肥瘦肉的比例也需要严格控制，而捶打则坚持用手工捶打的方式，以保留食材的原汁原味。

普通话音频

粤语音频

关于黄金酥丸的来历，有个有趣的小故事。相传清康熙年间，惠阳的一个大财主用对对联的方式为他才貌俱佳的女儿招亲，他出的上联是："黄金万两送千金"。消息传出，应者不计其数，但没有一个满意的。最后一个做客家酥丸的名厨忽发奇想，以食材对出下联："酥丸一对迎十丸"，并加上横批："黄金酥丸"。

　　在场的人都拍手称奇，因为那时酥丸是专门用来招待贵客的，在客家人心目中与黄金可以相提并论，这一副对联对得实在工整。财主见厨师德才兼备，将来必定前途无量，便将女儿嫁了给他。

　　从此以后，客家人就把酥丸与黄金联系起来，并取名为"黄金酥丸"。

老火靓汤

　　走在广东的街头巷尾，你不难看到大小店铺中那些写着"老火靓汤"的招牌，还有门口一排排的瓦煲以及桌上的一份份例汤。老火靓汤又称"广府汤"，是广府人传承数千年的食补养生秘方。慢火煲煮的老火靓汤，由于火候足、时间长，既能够得到药补的功效，又能够使汤入口的时候味道甘甜。

　　汤在广东人的餐桌上一直占据着很重要的位置，据史书记载："岭南之地，暑湿所居。粤人笃信汤有清热去火之效，故饮食中不可无汤"。汤在广东很有特色，若有心去了解，你会发现每一家的女子，哪怕不会做饭，都会煲汤，所以也有人说，老火靓汤的历史，

普通话音频

粤语音频

也是广东女子的历史。

　　传统的广东女子不爱出行，她们每天在厨房的云蒸雾罩中，没有中原女子火辣辣的豪情，也没有江南女子"对镜贴花黄"、"人比黄花瘦"的哀思，她们大多守着一团火一锅汤，心怀无限遐思、万般温情地煲汤，等待丈夫的归来。所以，老火靓汤的配方、做法都不是固定的，会随着季节的变化而变化，例如夏季的冬瓜排骨、冬季的土鸡茶树菇等等，都相当有学问。

　　在广东的每一个人都深深地知道，好吃好喝的前提是对身体有益，所以几乎每一道广东老火靓汤都是因时节定制的。"定制"这个词语虽然才兴起不久，但早在千百年前，广东老火靓汤已经对它谙熟于心。

艇仔粥

在以前广州黄沙西堤，荔枝湾江边一带有不少艇船，船上都会插有一个"粥"字黄旗，往来穿梭，沿江叫卖，不论日夜，十分吸引人。特别是在夜间，渔家的灿烂灯火，与天上的星星相辉映，更有一番情调。旧羊城八景之一的"荔湾晚唱"指的便是这一番景象。

关于艇仔粥，有一个美丽的传说。话说有一户水上人家的女儿叫金水，她心地非常善良。有一天她父亲在江边捕到一条鲤鱼，正准备拿去卖，但小金水就是不肯，说要把鲤鱼喂大。几天后她发觉鲤鱼见不到妈妈挺可怜的，于是就把鲤鱼放回了江里。

普通话音频

粤语音频

几年后小金水已经长大了，但她父亲也老了，还患了一场大病，一病不起。金水非常伤心，天天求菩萨保佑。一天金水望着朦胧的月亮渐渐入睡，在梦中她看到了一位仙女从水中出来说："你还认得我吗？我是十年前被你救的鲤鱼。你爹的病不要紧，只要你煮一点鱼虾粥给他吃就可以了。你还可以加些岸上人家喜欢吃的油肉脆味之类的食物进去，就会变成一道风味美食，叫"驰名艇仔粥"。把这粥拿去卖给岸上人家换点钱带你爹去看大夫，十日之内就可以痊愈了。"

　　金水依法照做，而且依据岸上人的口味，秘创了这样的风味粥，在船上插上一个旗子，写上"西关驰名艇仔粥"。不久之后，金水父亲的病痊愈，而艇仔粥也以粥底绵滑、味道鲜美、口感丰富而闻名于世。渐渐地，连广州陆上的店铺也开始出售艇仔粥，成为广州地区家喻户晓的美食。

碗仔翅

碗仔翅是一款常见于香港街头的仿鱼翅汤羹，但即使许多钟爱碗仔翅的食客都可能会被小朋友单纯的问题噎住："碗仔翅里怎么没有鱼翅呢？"其实你只要追溯碗仔翅的发展历史，就会发现这是一个大大的"冤枉"。

碗仔翅最早诞生于20世纪五六十年代的香港，是一些大酒楼的伙计们把婚宴用剩的鱼翅汤做底，加上粉丝、鸡丝、肉丝、木耳等料熬制出来的，当时的碗仔翅的确有鱼翅。

随着社会的进步，人们也逐渐意识到了鲜美的鱼翅汤背后的血腥

普通话音频

粤语音频

捕杀，于是转而寻找更好的鱼翅替代品。香港街头慢慢涌现出一批小贩，专门出售仿制的鱼翅汤，久而久之，仿制的鱼翅汤虽然没有鱼翅成分，但其外观与高汤鱼翅相近，并且用小碗盛起来，因而叫作"碗仔翅"。一些小贩还会出售碗仔翅拌通心粉，增加果腹感，让碗仔翅能够成为大家都喜欢的廉价美食。

虽然碗仔翅大受欢迎，但大多数人都把碗仔翅当成垃圾食品，很少有人会在家中制作这类食品。但随着香港生活质量的提高，这种昔日难登大雅之堂的街头食品，在90年代后也开始在香港一些酒楼改良出售了。除了肉丝份量增加，也会加入香菇丝、蛋花、猪皮、鱼肚，配上金华火腿和老鸡汤熬成的汤底，一口下肚，满嘴鲜香，成为了家喻户晓的美食。

大良野鸡卷

大良野鸡卷，又称"大良肉卷"，是一道佛山传统的名菜，以肥肉片制成，甘脆酥化，焦香味美，肥而不腻，宜酒宜茶。

据说，大良野鸡卷的来历与明代一段美丽的爱情故事相关。当年，曾任翰林院侍读学士的黄谏，是明代陇上的知名学者。黄谏及第前，经常在黄家楼读书，曾经收留了一个胡姓的女子为妾。这名女子才貌出众，非常擅长烹饪，深得黄谏的宠爱以及近邻的称赞，大家都叫她"胡姐姐"。

不幸的是胡姐姐英年早逝，死后葬在华林寺，当地的农民就把这座墓称为

普通话音频

粤语音频

　　"姐姐沟"。胡姐姐死后，黄谏经常想念她。有一天，黄谏梦到她在烹饪野鸡卷，味香扑鼻，风味绝佳。梦醒了之后，黄谏到她的墓前，见到一只狐狸在追逐野鸡，他怀疑这只狐狸是狐仙，于是等到狐狸跑开后，黄谏就把鸡捉起来，让家里的厨师按他梦里见到的方法去烹制，做出来的鸡果然外酥里嫩，风味特别。这个做法后来流传到坊间，就被称为"炸野鸡卷"。

　　关于"大良野鸡卷"起源的传说直到现在也被人们津津乐道，同时大良野鸡卷也成了人们去顺德大良必吃不可的美食之一。

广东清补凉

在炎热的季节，经常处于暑湿环境的广东人都会饮用一种家常消暑的食品——清补凉。清补凉多以糖水及老火汤的形式出现，不同地区有其独特的风味和食疗效果，有以健脾去湿为主，亦有以润肺为主。

清补凉这种食品会在岭南地区流行，与当地炎热潮湿的天气相关，但是有一个历史人物也不得不提，那就是南越国的创始人——赵佗。据记载，秦始皇统一中原之后，便开始着手平定岭南地区这一块"百越之地"。

公元前219年，秦始皇派屠睢、赵佗率五十万大军出征到达岭南一带，由于士兵不适应南方炎热潮湿的气候，纷纷得病，军队战斗力大减。负责后勤的

普通话音频

粤语音频

赵佗便与随军大夫研究，以莲子、百合、沙参、茨实、玉竹、淮山、薏米等药材为原料，做成了一种药食两用的粥。士兵服用后发病率很快就降低了，而且人人精力充沛，重振了战斗力。赵佗因为它有"清热气、补元气"的功效，就起名为"清补凉"，并命令士兵们每天早上必须食用一碗。

之后赵佗在岭南地区称王，建立起了南越国，清补凉便逐渐传到民间，经过两千多年的不断完善，现在已经演变成了岭南地区家喻户晓的保健美食。

炸两

　　炸两是广东省的一种特色小吃，由肠粉和油条两种小吃混合而成。香港人通常会在吃粥的时候吃炸两，所以炸两主要在粥店售卖，现在也有酒楼当作点心售卖。

　　相传，炸两出现在民国的战乱时期。1940年广州沦陷时，在广州泮塘乡有一家小茶居名为"嚼荷仙馆"，仙馆的点心师傅为了应付当时物资短缺的情况，便想出了一个让食客花最少钱，但同时可以吃到肠粉及油条两款小吃的方法。

普通话音频

粤语音频

他把油条包在肠粉的粉皮里，然后切成小块，淋上豉油，洒上葱花，这样就能兼顾两种美食。虽然用的是隔夜油条，但是是用新鲜肠粉包起来，所以吃起来依然非常可口，外嫩里酥，一推出竟然大受欢迎，后来更是流传到粤港澳各地，尤其在香港大受欢迎。

直到现在，炸两在整个大湾区都非常有名，成为了本地人常吃的小吃，也是外地人来粤必尝不可的美食。而随着时代不断变迁，炸两也延伸出不少新品种，例如著名的红米肠就是其中之一。

据说，红米肠是由广州香格里拉大酒店中餐厅夏宫的主厨陈国雄师傅首创。当时，他一心想创造出一款令食客惊艳的点心。他之前曾经尝试过用紫米、红萝卜、菠菜等原料制作肠粉。后来偶然看到一篇报道，说人特别容易被红色的食物所吸引。当时夏宫恰巧有一道宫廷秘制骨就用到了红米这一材料，陈师傅灵机一动，就用红米做出了肠粉，里面包裹着鲜虾、黄金脆，一经推出市场立即大受欢迎。

红红的外皮，包裹着白色的馅料，再搭配上酱汁，让人食欲大增，没过多久，红米肠的做法就广泛流传，令喜欢吃肠粉的食客们又多了一个新选择。

马介休

　　说起澳门最闻名的地道葡萄牙菜，就非"马介休"莫属了。马介休，对于大部分中国人来说是个陌生的词，可对于葡国人来说，却是近乎"国宝"的名字。马介休其实是一种非常特别的黑色银鳕鱼，可以用煎、烧、烤、煮等不同的方法烹调，风味独特。

　　相传在500多年前，葡萄牙有一群海员出海经过挪威海时，遇见了马介休鱼群。因为在海上航行的日子太过漫长，新鲜鱼钓上来很容易就会坏掉，所以葡国人就把它用盐腌制起来。神奇的是，腌制好的马介休，不

普通话音频

粤语音频

但放一两年都不会坏，而且一旦泡在水里，冲淡其咸味之后，吃起来又会如新鲜鱼一般丰满鲜嫩，于是海员们就把这种鱼带回国内，受到了大家的喜爱。后来葡萄牙人到了澳门，自然也把这一特色美食带到了当地，久而久之就变成了一道澳门土生菜。

马介休有上千种不同的吃法，可以吃足三年不重复。没有马介休的葡国餐厅绝对不是正宗的葡国餐厅。澳门新口岸葡国餐厅用薯丝炒的马介休更是当地一大特色，新鲜的薯仔配以马介休、葡式肉肠等大火炒成，薯丝香脆味浓，是葡式菜中的典范。

罗汉斋

罗汉斋是一道佛门名斋，以十八种鲜香原料精心烹制而成，是素菜中之上品，非常适合素食者。广州人有正月初一吃素的习惯，按传统，正月初一的中午饭必须吃斋，用粉丝、腐竹、发菜、冬菇等煮成一锅罗汉斋。在这天吃罗汉斋的原因，有人说是为了敬佛斋戒，但更为普遍的解释是希望这一年该吃的素菜都在这一天吃完，往后就大鱼大肉，日子富足。

罗汉斋的来历，自然是和佛教里的罗汉有关。传说有一年农历二月十九日的观音诞，十八罗汉为了测试观音的神力，来到一座观音庙前大

普通话音频

粤语音频

喊："我们都快饿死了！"话音刚落,庙里观音塑像的眼睛忽然一动,一盘盘的饭菜就完整地摆放在了神桌上。十八罗汉看到之后非常欣喜,二话不说就开始吃了起来。吃饱后,十八罗汉还到观音庙的库内把食物全部都拿走了。后来十八罗汉觉得打扰了观音很不应该,便要以送礼物来报答观音,于是他们各自把十八种化缘得来的斋菜,做成一个统一菜式,请观世音菩萨吃。于是,就有了"罗汉斋"这一道菜。

　　罗汉斋从宋代广州的"饭僧设供"流传至今,已从原本的寺院菜化为广州人日常餐桌上一道精致的素菜,既带着佛门的素雅,也满足了尘世的口福。